Richard Deiß

Wo die Sonne lacht und wo man zweimal weint

222 Redensarten zu Städten

Adresse des Autors:
Machnowerstr. 65
D-14165 Berlin
Richard.deiss@gmail.com

Herstellung und Verlag: Books on Demand GmbH, Norderstedt

Zweite Auflage 2020, Originalausgabe

Printed in Germany

ISBN   978-3-751-9164-55

Bibliografische Information der Deutschen Nationalbibliothek

Die Deutsche Nationalbibliothek verzeichnet diese Publikation in der Deutschen Nationalbibliografie; detaillierte bibliografische Daten sind im Internet über http://dnb.d-nb.de abrufbar

Inhalt

Vorwort

In meinem Buch *Elbflorenz und Spreeathen* hatte ich Städtebeinamen und Redewendungen zu Städten zusammengestellt. Im Laufe der Neuauflagen kamen immer mehr Städtebeinamen dazu, und auch einige Redewendungen. Deshalb beschloss ich, zwei Bände daraus zu machen, einen zu Beinamen und einen zu Redewendungen.

Das Buch beginnt mit klassischen Redewendungen wie *„Rom wurde nicht an einem Tag erbaut"* und *„Eulen nach Athen tragen"*, von denen es in anderen Ländern durchaus Varianten gibt. Dann folgt ein Kapitel mit eher lokalen Redewendungen zu Städten.

Der Band enthält auch ein Kapitel mit scheinbar faktischen Aussagen zu Städten, wie höchste Kneipendichte, grünste Stadt etc., die bei Lichte betrachtet aber oft an urbane Legendengrenzen. Diesen Aussagen wird in einem eigenen Kapitel nachgegangen. Schließlich werden im nächsten Kapitel Städterivalen und entsprechende Sprüche näher beleuchtet. Das Wetter ist auch ein wichtiges Thema, was Redensarten betrifft. Dann ist noch ein Kapitel zu Redensarten, die Städte an der Spitze sehen, wie schönste, schlimmste Stadt etc. enthalten.

Das letzte Kapitel des Buches rundet die Sammlung durch Nonsens-Sprüche ab. Während es viele Bücher zu Redensarten gibt, finden sich doch nur sehr wenige zu Redensarten, welche sich nur auf Städte beziehen. Für Hinweise, die Sammlung weiter auszubauen, bin ich immer dankbar. Jörg Berkes (Langen) möchte ich für Korrekturhinweise zur ersten Auflage danken.

Berlin, im Juli 2020
Richard Deiß

1. Klassische Redewendungen

<u>1.1 Rom wurde nicht an einem Tag erbaut</u>

Land (des Spruches)	... wurde(n) nicht an einem Tag erbaut
Frankreich	**Paris**
Russland	**Moskau**
Niederlande	**Köln** und **Aachen** (Keulen en Aken)
Belgien	**Gent** und **Brügge** (Gent en Brugge)
Polen	**Krakau**
Portugal	**Rom** und **Pavia**
Spanien	**Zamora** (nicht in einer Stunde erobert)
Röm. Reich	**Korinth**

Die Redewendung ‚*Rom wurde nicht an einem Tag erbaut*‘, mit der ausgedrückt werden soll, dass eine bestimmte Aufgabe ausreichend Zeit braucht (*Gut Ding will Weile haben*), wird in vielen Ländern in dieser Form gebraucht, sogar in Japan und China (Rom heißt dort Luoma). In Europa gibt es jedoch Länder, die in dieser Redewendung andere Städte einsetzen.

Für die Franzosen ist ihre Hauptstadt der Nabel der Welt, sie sagen deshalb ‚*Paris ne s'est pas fait en un jour'*. Die Polen wiederum sagen *Krakau wurde nicht an einem Tag erbaut*. Krakau ist eine mittelalterliche Stadt, an der Jahrhunderte gebaut wurde.

Der russische Ausdruck '*Moskau wurde nicht an einem Tag erbaut*' zielt auch auf die Stadt St. Petersburg ab. Als Peter der Große 1710 das erst im Entstehen begriffene Petersburg zur russischen Hauptstadt erklärte, beorderte er auch den Adel in die Stadt. Doch dieser wollte lieber in Moskau bleiben und mit diesem Spruch wurde ausgedrückt, dass man sich Zeit lassen wollte und Petersburg, wie einst Moskau, sich auch erst langsam zu einer richtigen Stadt entwickeln musste.

Niederländer und Flamen verwenden in einem entsprechenden Ausdruck gleich zwei Städte, die zudem in Deutschland liegen, sie sagen ‚*Keulen en Aken zijn niet op één dag gebouwd*‘. Beides sind Städte, welche nicht weit von dem niederländischen Sprachraum entfernt liegen und bereits früh auch für die Niederlande bedeutende Orte waren. In Flandern setzt man in der Redewendung auch die im Mittelalter wichtigen Städte *Gent* und *Brügge* ein, deren Altstädte heute zu den größten Europas gehören.

In Spanien drückt man es ein bisschen anders aus. Dort sagt man *Zamora wurde nicht in einer Stunde erobert.* Zamora ist eine Stadt im Westen Spaniens, unweit der Grenze zu Portugal gelegen, und wurde im Mittelalter sukzessive von Arabern und Christen belagert (und eingenommen), weshalb sie befestigt war. Befestigungsanlagen gab es auch woanders; die Spanier nutzen den Stadtnamen in der Redewendung vor allem, weil sich diese dadurch im Spanischen reimt (*No se gano Zamora en una hora).*

Dies ist auch der Grund, weshalb die Portugiesen der Redewendung die Stadt Pavia hinzufügen, sie reimt sich dadurch in der Landessprache ebenfalls- *Roma e Pavia não se fizeram num dia* (Rom und Pavia wurden nicht an einem Tag erbaut).

Im Lateinischen gibt es zudem den Ausdruck

Alta die solo non est exstructa Corinthus- das hochgelegene Korinth wurde nicht an einem Tag erbaut. Die am Isthmus von Korinth gelegene griechische Stadt wurde bereits im 10. Jahrhundert v. Chr gegründet, war in der Antike eine der wichtigsten und reichsten griechischen Städte und verfügte über eine bedeutende Akropolis.

Früher gab es in Norddeutschland zudem den heute nicht mehr genutzten Spruch *Lübeck wurde an einem Tag gestiftet, aber nicht an einem Tag erbaut.*

1.2 Eulen nach Athen tragen

Land/Region	... Eulen nach **Athen** tragen
England	Carry **coals** to **Newcastle**
Schottland	Carry sau(l)t to **Dysart** Carry **puddings** to **Tranent**
Iran	**Kümmel** nach **Kerman** tragen
Israel	Stroh in **Afarayim** verkaufen
Italien	**Vasen** nach **Samos** tragen
Portugal	**Bananen** nach Madeira bringen
Russland	Mit eigenem **Samowar** nach **Tula** reisen
Spanien	**Orangen** nach **Valencia** bringen
Syrien	**Klingen** nach **Damaskus**

Die Redewendung *Eulen nach Athen tragen* geht auf den antiken Dichter Aristophanes zurück, der sie in seiner Komödie ‚Die Vögel' prägte. Wahrscheinlich hing das mit den Eulen zusammen, die damals auf der Rückseite von Drachme-Münzen zu sehen waren. Münzen ins reiche Athen zu tragen, wurde also als nicht notwendig angesehen. Viele Länder nutzten diese Redewendung; die Briten sagen aber stattdessen eher ‚carry coals to Newcastle', denn im Kohleexporthafen Newcastle liegt bereits genug des schwarzen Brennstoffes. Die Schotten sagen auch *'carry saut (salt) to Dysart'* und *'carry puddings to Tranent'*. Ein eher selten genutzter deutscher Ausdruck ist '*Schnecken nach Metz treiben*'.

In der russischen Stadt Tula, einem Zentrum der Waffenindustrie, entstanden früh eisenverarbeitende Betriebe. Im Jahr 1778 gründeten hier die Brüder Lissizyn eine Manufaktur zur Herstellung von Samowar-Teekochern, im Jahr 1808 gab es in der Stadt bereits 8 Samorwarfabriken. Der russische Ausdruck für eine überflüssige Tätigkeit ist seither ‚*mit eigenem Samowar nach Tula fahren*'. Der Ausdruck *Stroh in Afarayim verkaufen* (die Stadt, gibt es heute nicht mehr) stammt aus dem Talmud.

1.3 Alle Wege führen nach Rom

Land /Region	Alle Wege führen nach...
Deutschland	**Rom**
Italien	**Rom**
Estland	**Petersburg**
Lettland	**Riga**
Finnland	**Abo** (Turku)
Russland	**Moskau**
Türkei	**Mekka**
Tibet (China)	**Lhasa**

Die Redewendung ‚Alle Wege führen nach Rom' gibt es in fast allen europäischen Sprachen und fast immer ist es Rom, wohin alle Wege führen. Die Italiener sagen *tutte le strade portano a Roma,* die Franzosen *Tous les chemins vont à Rome,* die Briten *All roads lead to Rome* und die Spanier *Todo camino va a Roma.* All diese Länder gehörten einst zum Römischen Reich, welches sich durch ein hoch entwickeltes Straßennetz auszeichnete. Nur im Nordosten Europas sind die Bezugspunkte anders. In Estland, früher Teil des Russischen Reiches, sagte man einst *‚Alle Wege führen nach Petersburg'* und auf Petersburg war das Straßennetz Estlands ja tatsächlich ausgerichtet (die Letten sagen dagegen *nach Riga*). In Russland selbst liegt Moskau zentraler als Petersburg. Dort sagt man *‚Alle Wege führen nach Moskau'.*

Das 1229 gegründete Turku ist die älteste Stadt Finnlands und war bis ins 19. Jahrhundert unter den Schweden Hauptstadt des Landes. Als Finnland 1809 zu Russland kam, wurde das näher an Petersburg gelegene Helsinki Hauptstadt. Trotzdem sagt man noch heute in Finnland *Alle Wege führen nach Turku* (bzw. *Abo,* denn so heißt Turku im Schwedischen).

☞Die Slowenen sagen übrigens: *Nicht alle Wege führen nach Rom.*

1.4 Paris ist eine Messe/Reise wert

Region	**Paris ist eine Messe wert**
Deutsch	Paris ist eine Messe wert.
Französisch	Paris vaut bien une messe.
Englisch	Paris is well worth a mass.
Region	**Paris ist eine Reise wert**
Frankreich	Paris ist eine Reise wert.
Korea	Selbst wenn du auf allen Vieren kriechen musst, schau zu, dass du nach Seoul kommst.
Jemen	Sana ist ein Muss, wie weit die Reise auch sei.

Heinrich IV. (1553-1610), König von Frankreich und Navarra, war eigentlich Hugenotte und damit Protestant. Doch als er die französische Krone erbte, trat er zum Katholizismus über, auch um das durch die Hugenottenkriege zerrissene Land zu befrieden. Immerhin sicherte er durch das Edikt von Nantes den Protestanten freie Religionsausübung in Frankreich zu. Sein angeblicher (wohl aber eher ihm vom Volk zugeschriebener Kommentar zu seinem Übertritt: *Paris vaut bien une messe* (*Paris ist eine Messe wert*, womit die katholische lateinische Messe gemeint ist).Vom französischen Schriftsteller Robert Merle (1908-2004) gibt es übrigens einen Roman zu Heinrich IV. aus dem Jahr 1983 mit dem Titel ‚*Paris ist eine Messe wert*‘.

Im Touristenzeitalter wurde der ähnliche Satz ‚*Paris ist eine Reise wert*‘ kreiert. Dazu gibt es den Witz, dass Chinesen, die angeblich das R als L aussprechen, dazu sagen (wenn sie denn Deutsch sprächen) die Stadt sei ‚*eine leise Welt*‘.

Als Koreaner muss man unbedingt nach Seoul gelangen, selbst auf allen Vieren. Die Jemeniten meinen wiederum, so weit die Reise auch sei, Sana sei ein Muss.

1.5 Neapel sehen und sterben

Sprache	Version
Deutsch	Neapel sehen und sterben
Italienisch	Vedi Napoli e poi muori
Englisch	See Naples and then die
Französisch	Voir Naples et puis mourir

Neapel hatte einst einen anderen Ruf als heute. Humboldt zählte es angeblich zu den sieben am schönsten gelegenen Städten der Welt. Fontane nannte Bristol wegen seiner schönen Lage ein ‚*Neapel des Nordens*‘. Der französische Schriftsteller Stendhal meinte einst, in Europa gäbe es nur zwei Hauptstädte, Paris und Neapel (manchmal werden ihm auch drei in den Mund gelegt: Paris, London und Neapel). Während Norditalien bis zur Gründung des italienischen Nationalstaates Ende des 19. Jahrhunderts politisch zersplittert und ohne Hauptstadt war, war Neapel bereits seit Jahrhunderten Kapitale eines in einem Königreich vereinten Süditaliens. Allerdings überholte während der Industrialisierung der Norden des Landes den Süden und die Gebiete des Königreiches Neapel bilden heute den unterentwickelten Mezzogiorno Italiens.

Die Redewendung *Neapel sehen und sterben* gibt es eigentlich nur in dieser Form, wird aber ab und zu im Ausland auch auf andere italienische Städte angewandt, zum Beispiel Venedig, auch in Anspielung auf Thomas Manns Novelle ‚Tod in Venedig‘.

Interessanterweise wird manchmal behauptet ‚Vedi Napoli e poi muori‘ hätte im Italienischen eine doppelte Bedeutung. Muori wäre auch eine Stadt bei Neapel, man könnte den Spruch also so lesen, ‚*man solle erst Neapel und dann Muori besuchen*‘. Wohl eine Legende, denn einen Ort Muori gibt es im Raum Neapel gar nicht.

Land	Wer ... nicht gesehen hat
Portugal	*Wer **Lissabon** nicht gesehen hat, hat nichts Schönes gesehen.*
	*Wer **Goa** gesehen hat, braucht Lissabon nicht zu sehen.*
	*Wer die Welt gesehen hat, aber **Sintra** ausließ, muss blind gewesen sein.*
Russland	*Wer nicht in **Moskau** gewesen ist, hat die Schönheit nicht gesehen.*
Spanien	*Wer **Sevilla** nicht gesehen hat, hat nichts Wundervolles gesehen.*
	*Wer **Granada** nicht gesehen hat, hat noch nichts gesehen.*
Ägypten	*Wer **Kairo** nicht gesehen hat, ist ein Waisenjunge.*
Pakistan	*Wer **Lahore** noch nicht gesehen hat, ist noch nicht geboren worden.*
Indien	*Wer **Agra** nicht gesehen hat, hat die Welt noch nicht gesehen.*
Iran	***Isfahan** ist die Hälfte der Welt.*
China	*Wer Xinjiang gesehen hat aber nicht in **Kashgar** war, hat Xinjiang nicht gesehen.*
Japan	*Denke nicht, du hättest etwas Großartiges gesehen, bevor du **Nikko** gesehen hast.*

Früher sagte man in Portugal *o que nao veu Lisboa nao veu cousa boa* - wer Lissabon nicht gesehen hat, hat noch nichts Schönes gesehen. Allerdings sagte man auch:
‚*Quem já viu Goa não precisa ver Lisboa*'- wer Goa gesehen hat, braucht Lissabon nicht zu sehen. Warum gerade Goa - weil es sich reimt. *Sintra* sollte man aber auch unbedingt gesehen haben. In Spanien muss man

dagegen Sevilla (*quien no ha visto Sevilla, no ha visto maravilla*) und Granada (*El que no ha vista Granada no ha vista nada*) gesehen haben, wenn man was Wunderbares gesehen haben will. Von Madrid jedoch geht es direkt in den Himmel (*de Madrid al Cielo*). In Russland hat man noch nichts Schönes gesehen, wenn man noch nicht in Moskau war.

Der englische Schriftsteller Samuel Johnson (1709-184) wurde für das Zitat bekannt *'When a man is tired of London, he is tired of life, for there is in London all that life can afford.'*

Die Perser sagen *Esfahan Nesf-e Jahan*, Isfahan ist die Hälfte der Welt, also sollte man diese Stadt auch gesehen haben.

Ein altes ägyptisches Sprichwort meint ‚*Wer Kairo nicht gesehen hat, hat die Welt nicht gesehen. Ihr Staub ist aus Gold, ihr Nil ist ein Wunder*'. Kairo gilt den Ägyptern als ‚*Mutter der Welt*'. Man sagt auch ‚*Wer Kairo nicht gesehen hat, ist ein Waisenjunge*'. In Pakistan heißt es: ‚*Wer Lahore nicht gesehen hat, ist noch nicht geboren worden*'.

Auch die Japaner spielen mit den Worten, sie meinen, ‚*sag nicht kekko* (zufrieden, großartig), *wenn du nicht Nikko gesehen hast*'. Die in den Bergen nördlich von Tokio gelegenen historische Stadt Nikko (= ‚Sonnenschein-Stadt') hat mehrere Tempel, welche auf der UNESCO-Liste des Weltkulturerbes verzeichnet sind.

In China hat wiederum die westliche Provinz Xinjiang nicht gesehen, wer nicht in Kashgar war.

Für die Brasilianer ist Rio die ‚wunderbare Stadt'. Gott ist nicht nur Brasilianer, er schuf die Welt in 7 Tagen, von denen er allein 2 für Rio gebraucht hat. Nach einer anderen Version schuf Gott die Welt in sechs (sieben) Tagen und am siebten (achten) schuf er Rio.

1.7 Die Weisheit

Stadt	Redensart
Tübingen	***Tübingen** hat nicht eine Universität, Tübingen ist eine Universität.*
Tartu	***Tartu** - die Stadt der guten Gedanken.*
Salamanca	*Was die Natur einem nicht gegeben hat, wird auch **Salamanca** einem nicht geben können.*
Timbuktu	*Salz kommt aus dem Norden, Gold kommt aus dem Süden, aber das Wort Gottes und die Weisheit kommen aus **Timbuktu**.*
Bukhara	*In allen anderen Gegenden der Welt kommt das Licht von oben herab, in **Bukhara** steigt es hinauf.*
Samarkand	***Mekka** ist das Herz der islamischen Welt, Samarkand ist ihr Kopf.*

Von Tübingen, aber auch von Marburg sagt man, die Stadt hätte nicht eine Universität, sie wäre eine Universität. In Estland gilt die Universitätsstadt Tartu als die *Stadt der guten Gedanken*. In Spanien sagt man, was die Natur einem nicht gegeben hat, kann einem Salamanca (mit seiner renommierten Traditionsuniversität) auch nicht geben.

Timbuktu in Mali war eine der ersten Städte weltweit mit einer Universität. Außerdem wurden in der Stadt seit dem 14. Jahrhundert Bücher geschrieben und kopiert. Timbuktu gilt seither als afrikanischer Hort der schriftlichen Überlieferung (*die Weisheit kommt aus Timbuktu*) und verfügt noch heute über eine Sammlung alter Schriften.

In Usbekistan galt einst Buchara als Stätte der Weisheit und Samarkand gar als Kopf der islamischen Welt.

2. Lokale Redewendungen

2.1. In … weint man zweimal

Stadt	In …weint man zweimal
Mannheim	*In Mannheim weint man zweimal.*
Erlangen	*In Erlangen weint man zweimal.*
Frankfurt	*In Frankfurt weint man zweimal.*
Homburg	*In Homburg weint man zweimal.*
Schweinfurt	*In Schweinfurt weint man zweimal.*
Clausthal-Zellerfeld	*In Clausthal weint man zweimal.*
Greifswald	*In Greifswald weint man zweimal.*
Brest (F)	*A Brest on pleure deux fois.*
Saint-Etienne	*A Saint-Etienne on pleure deux fois.*
Neapel	*A Napoli piangi due volte.*

Was, du wohnst in Mannheim?
Mann, du tust mir leid!
Was kannst du nur für 'nen Sinn drin sehen,
In so 'ner Stadt am Start zu sein,
Warum grade 'ne Stadt, die mehr Schornsteine als Bäume hat?
Nichts läuft hier rund, sondern im Quadrat.
In Mannheim weint man zweimal,
Wenn es einen hierher verschlägt:
Einmal, wenn man kommt, und einmal, wenn man geht.

Cris Cosmo, *In Mannheim weint man zweimal* (2011)

Der aus Bretten (Baden) stammende Musiker Cris Cosmo produzierte 2011 das Lied *In Mannheim weint man zweimal. Das scheint plausibel.* Mannheim, eine auf den ersten Blick nicht so attraktive Industriestadt, die aber doch ihre Reize und Stärken hat.

Der Spruch `weint man zweimal´ zielt hauptsächlich auf Studenten ab, die es aus verschiedenen Gründen, wie Studienplatzvergabe, nicht in ihre Wunschstadt, sondern in einen vermeintlich unattraktiveren Ort verschlagen hat, die anfangs nicht so begeistert sind, aber dann die Stadt doch lieb gewinnen.

Das erste Mal habe ich den Spruch vor vielen Jahren über Greifswald gehört, wo das schon zu DDR-Zeiten gesagt worden sein soll. Er gab die Erfahrungen von Studenten in der Hansestadt wieder. Greifswald, eine abgelegene Stadt, wo wenig los ist und wo die Tage kurz sind, wenn man im Wintersemester ankommt. Andererseits eine beschauliche schöne Mittelstadt mit intakter Natur und nicht weit von den Urlaubsgebieten der Ostsee gelegen. Wen es hierhin als Student verschlagen hatte, weinte bei der Ankunft am provinziellen Bahnhof und wenn er/sie wieder die Stadt verlassen musste. Homburg im Saarland ist ebenfalls kein Traumstudienort. Wen es wegen eines Studienplatzes hierher verschlägt, soll ebenfalls zweimal weinen. In Clausthal-Zellerfeld im Harz ist es so kalt, dass es, so der Spott von Studenten, zwei Wintersemester geben soll. Aber der Harz bietet auch schöne Natur.

Neapel war früher Hauptstadt eines Königreichs und entsprechend prächtig, zudem liegt es sehr schön. Früher war der Begriff Neapel positiv besetzt. Es hieß *Neapel sehen und sterben*. Heute ist Neapel eine eher heruntergekommene und chaotische Stadt. Trotzdem hat sie ihre Reize, wie gute Museen und Opern, die Dichte des Straßenlebens und eine herzliche Bevölkerung. Wenn man nach Neapel kommt, weint man deshalb ebenfalls zweimal. In Frankreich weinen Studenten bei der Ankunft in der im Krieg stark zerstörten bretonischen Stadt Brest und in der Industriestadt Saint-Étienne.

2.2 Halb so groß wie der Zentralfriedhof von...

Stadt	Spruch
Bonn	*Halb so groß wie der Zentralfriedhof von Chicago, aber doppelt so tot.*
Hannover	
Albstadt	
Fürth	
Fürstenfeldbruck	
Münsingen	
Neumünster	
Schleswig	
Suhl	
Stuttgart	
Wolfenbüttel	
Weilheim	*Halb so groß wie Wiens Zentralfriedhof, aber doppelt so tot.*
Freienohl	*Halb so groß wie der Mescheder Friedhof, aber doppelt so tot.*

Der Thriller-Autor John Le Carré (*1931) sagte einst `*Bonn ist halb so groß wie der Zentralfriedhof von Chicago, aber doppelt so tot´*. 1968 kam sein Thriller *A Small town in Germany* heraus und bei der Recherche für dieses Buch war er lange in Bonn. Im Thriller meint er auch: *Sie wissen, was man über Bonn sagt, entweder es regnet oder die Bahnschranken sind unten.* Der Spruch mit dem Friedhof wird mittlerweile für zahlreiche nicht so lebendige Städte angewandt, ohne dass wirklich jemand wüsste, wie groß der Zentralfriedhof von Chicago (die Stadt hat keinen) wäre. Gelegentlich werden andere Bezugsfriedhöfe eingesetzt. In Weilheim der Wiener Zentralfriedhof. Im sauerländischen Freienohl, Stadtteil von Meschede, ist der Friedhof von Meschede die Referenz.

2.3 Halb so groß, doppelt so lustig

Stadt	Spruch
Wien	*Der Wiener Zentralfriedhof ist halb so groß wie Zürich, aber doppelt so lustig.*
Chicago	*Chicago ist doppelt so groß wie der Zentralfriedhof von Wien, aber nur halb so lustig.*
Zürich	*Zürich ist doppelt so groß wie der Wiener Zentralfriedhof aber nur halb so lustig.*
Neu-Ulm	*Neu-Ulm ist viermal so groß wie der Zentralfriedhof von Chicago, aber nur halb so lustig.*

Weil Wien die Hauptstadt der klassischen Musik war, sind auf dem Wiener Zentralfriedhof zahlreiche Musiker begraben, so Ludwig van Beethoven, Franz Schubert und Johannes Brahms, Johannes Strauss II und Arnold Schönberg. Auch die Sänger Falco und Udo Jürgens sind hier begraben. Über 100 000 Besucher zählt der Friedhof pro Jahr. *Der Tod, der muss ein Wiener sein,* sagt man in einer Stadt, die sogar ein Bestattungsmuseum hat und wo es heißt *Hauptsache a schöne Leich.* Der Wiener Zentralfriedhof ist 250 Hektar groß, weitläufig, mit vielen Bäumen und Jugendstilbauten. Der Wiener Volksmund sagt deshalb: *Der Wiener Zentralfriedhof ist halb so groß wie Zürich, aber doppelt so lustig.* Umgekehrt formuliert wird der Spruch auch direkt auf Zürich angewandt. Eine Variante des Spruchs zum Chicagoer Zentralfriedhof wird für die als öde empfundene Stadt Neu-Ulm genutzt. Diese ist nun viermal so groß, aber nur halb so lustig.

2.4 Stadt der vier Meere

Stadt	4 Meere
Bonn	*Morgens ein Nebelmeer,*
Pforzheim	*tagsüber ein Häusermeer,*
Jena-	*abends ein Lichtermeer,*
Lobeda	*nachts gar nichts mehr.*
Stuttgart	*Morgens ein Nebelmeer,* *tagsüber ein Menschenmeer,* *abends ein Lichtermeer,* *nachts gar nichts mehr.*

Der Spruch *Morgens ein Nebelmeer, tagsüber ein Häusermeer, abends ein Lichtermeer und nachts gar nichts mehr* scheint zuerst in Bonn (<u>B</u>undeshauptstadt <u>o</u>hne <u>n</u>ennenswertes <u>N</u>achtleben) aufgekommen zu sein und passt auch zum Zentralfriedhof-Spruch. Der 4-Meere-Spruch wird auch auf Pforzheim und auf Stuttgart angewandt, allerdings in Stuttgart mit Menschen- statt Häusermeer. Mittlerweile ist er ein bisschen überholt, denn das Nachtleben in Stuttgart hat sich in den letzten 20 Jahren stark entwickelt.

Und es gibt den Spruch sogar für Jena-Lobeda. Lobeda war einst eine selbstständige kleine Stadt, die 1946 zu Jena eingemeindet wurde. Los ist hier abends nicht viel. Auch nicht im Plattenbauviertel Neu-Lobeda.

In Hamburg erzählen Fremdenführer auf Schiffsrund-fahrten vergnügliche Anekdoten, darunter die, vom Turm des Michels sehe man 3 Meere: *Tagsüber das Häusermeer, abends das Lichtermeer und nachts gar nichts mehr.*

Ort	Drei Lügen
Perleberg	*Perle, Berg, Stadt*
Goldberg	*Gold, Berg, Stadt*
Schönsee	*Schön, See, Stadt*
Santillana del Mar	*Heilig, eben, Meer*

Perleberg in der Prignitz (Brandenburg) wird auch als Stadt der drei Lügen bezeichnet: es ist keine Perle, hat keinen Berg und ist keine (richtige) Stadt. Ähnliches wird über Goldberg in Mecklenburg gesagt. Hier gibt es weder Gold, noch einen Berg noch ist es mit nur 3400 Einwohnern eine richtige Stadt. Die dritte deutsche `Stadt der drei Lügen´ ist Schönsee in der Oberpfalz. Man sagt, sie sei weder schön, noch gäbe es einen See (einen Teich gibt es immerhin), noch wäre es eine richtige Stadt. Denn Schönsee hat nur 2700 Einwohner.

Das kantabrische Santillana del Mar (4200 Einwohner) wird häufig ebenfalls Stadt der drei Lügen genannt, denn es ist weder heilig (santa), eben (llana), noch liegt die Stadt am Meer.

Land/Region	Heimliche Hauptstadt
Deutschland	*München, Hannover, Frankfurt*
Sachsen	*Leipzig, Meißen*
Westfalen	*Soest, Münster, (Dortmund)*
Ruhrgebiet	*Essen*
Holstein	*Rendsburg*
Ostfriesland	*Aurich*
Oberpfalz	*Amberg*
Bodensee	*Konstanz*
Oberschwaben	*Ravensburg*
Rheinhessen	*Alzey*
Röhn	*Gersfeld*
Spessart	*Aschaffenburg*
Uckermark	*Prenzlau, Gramzow*
Vogtland	*Plauen*
Wittekindsland	*Enger*
Allgäu	*Kempten*

Im Jahr 1964 bezeichnete das Nachrichtenmagazin DER SPIEGEL München als *Deutschlands heimliche Hauptstadt*. München war damals bereits Film- und Schlagerhauptstadt und hatte auch industriell durch Siemens an Profil gewonnen. Während der Olympischen Spiele in München im Jahr 1972 kam der Begriff wieder auf. Durch den FC Bayern wurde München in den Jahren darauf zunehmend auch zu einer Fußballhauptstadt. Seit Berlin 1999 wieder Regierungssitz wurde, ist von München als heimlicher Hauptstadt weniger die Rede.

Nach dem Kriege wäre Frankfurt fast Regierungssitz geworden und wegen der Banken wird die Stadt teilweise auch als heimliche (Wirtschafts-) Hauptstadt gesehen.

Bevor er 1998 Kanzler wurde, war Gerhard Schröder Ministerpräsident von Niedersachsen. Als der niedersächsische Ministerpräsident Gerhard Wulff 2010

Bundespräsident wurde, und mit Hannover verbunden blieb und im selben Jahr die Hannoveranerin Lena Meyer-Landrut den Eurovisions-Songcontest in Oslo gewann, fing die Presse plötzlich an, Hannover als heimliche Hauptstadt Deutschlands zu bezeichnen.

Westfalen wird vom Rheinland aus regiert (Düsseldorf), hat jedoch mehrere heimliche Hauptstädte. Der `Schreibtisch Westfalens´, die Bezirkshauptstadt Münster, von 1815-1918 als Teil des Königreiches Preußen westfälische Provinzialhauptstadt, wird manchmal *heimliche Hauptstadt Westfalens* genannt. Weil Soest im Mittelalter die bedeutendste Stadt der Region war und zentral gelegen ist, sehen die Soester jedoch ihre Stadt noch heute als *heimliche Hauptstadt*. Dortmund ist die größte Stadt Westfalens und eine Fußball-Hauptstadt, wird jedoch eher selten als heimliche Hauptstadt Westfalens bezeichnet. Selbst als *heimliche Hauptstadt des Ruhrgebietes* gilt das zentraler gelegene Essen. In der Oberpfalz ist es ebenfalls die zentrale Lage, welche Amberg zum Titel `heimliche Hauptstadt´ verhilft. In Oberfranken gibt es nicht nur eine *heimliche Hauptstadt Europa*s, so wird, weil viele Königshäuser hier ihre Wurzeln haben, manchmal Coburg genannt, sondern mit Kulmbach auch eine *heimliche Hauptstadt des Bieres*.

New York gilt manchem nicht nur als heimliche Hauptstadt der USA, sondern der Welt.

Land/Kontinent	Heimliche Hauptstadt
Europa	*Coburg*
Russland	*St.Petersburg*
Polen	*Krakau*
Italien	*Mailand*
Schweiz	*Zürich*
USA	*New York*

2.7 Hat kein, sondern ist ein..

Ort	Redensart
Tübingen	*Tübingen hat keine Universität, Tübingen ist eine Universität.*
Marburg	*Marburg hat keine Universität, Marburg ist eine Universität.*
Meiningen	*Meiningen hat kein Theater, Meiningen ist ein Theater.*
Erlangen	*Erlangen liegt auf dem Firmengelände von Siemens.*

Die 1477 gegründete Eberhard-Karls-Universität prägt mit 28 000 Studenten und 5000 Angestellten sehr stark die nur etwa 90 000 Einwohner zählende Stadt Tübingen. Deshalb entstand hier der Spruch, *Tübingen hat keine Universität, Tübingen ist eine Universität.*
Ähnliches wird, jedoch seltener, über Marburg gesagt, wo ebenfalls jeder dritte Einwohner ein Student ist
(25 000 Studenten, 77 000 Einwohner). Noch kleiner ist das thüringische Meiningen (24 000 Einwohner). Das neoklassizistische Meininger Theater mit seiner repräsentativen Säulenfront würde auch gut in eine Metropole passen. Statt wie in Tübingen und Marburg die Uni, prägt hier das Theater die Stadt. Dampflokfans assoziieren die Stadt zudem mit einem Instandsetzungswerk.
Der Wirtschaftsstandort Erlangen wird besonders von Siemens geprägt (25 000 Beschäftigte bei 112 000 Einwohnern). Die Produktionsstätten liegen dabei relativ innenstadtnah. Aber auch in der übrigen Stadt dehnen sich Siemens-Forschungseinrichtungen immer mehr aus. Auch deshalb entstand der Spruch, *Erlangen liegt auf dem Firmengelände von Siemens.*

2.8 …von großem Glück sagen (Studentenstädte)

Ort	Redensart
Tübingen, Wittenberg, Ingolstadt	*Wer von Tübingen kommt ohne Weib,* *von Wittenberg mit gesundem Leib,* *von Ingolstadt ungeschlagen,* *der kann von großem Glück sagen.*
Leipzig, Halle, Jena	*Wer von Leipzig kommt ohne Weib* *von Halle mit gesundem Leib,* *von Jena ungeschlagen,* *der kann von großem Glück sagen.*
Tübingen Jena,, Helmstedt, Marburg	*Wer von Tübingen kommt ohne Weib,* *von Jena mit gesundem Leib* *von Helmstedt ohne Wunden,* *von Marburg ungefallen,* *hat nicht studiert auf allen.*

Es gibt mehrere ähnliche historische Neckreime zu Studentenstädten. Studenten ließen es sich mit Wein, Weib und Gesang gut gehen, was aber auch auf die Gesundheit schlug. Zudem waren sie auch in Schlägereien involviert oder duellierten sich.

Tübingen ist eine der ältesten deutschen Studentenstädte und kommt in vielen Versionen vor. Manche Versionen beziehen sich nur auf den Leipziger Raum und schließen deshalb nur Leipzig, Halle und Jena ein. Ingolstadt hatte einst noch vor München die erste Universität Oberbayerns und kommt entsprechend in Neckreimen vor. Auch in Helmstedt gab es einst eine Hochschule.

2.9 Abgelegene Orte

Ort	
Buxtehude	*Wo die Hunde mit dem Schwanz bellen*
Meppen	*Von hier bis nach Meppen*

In Süddeutschland steht Buxtehude für einen weit entfernten abgelegenen, fast-fiktiven Ort. Manche sind dann überrascht, dass es diesen exotischen Ort, eine ansehnliche Hansestadt vor den Toren Hamburgs, wirklich gibt. Die Norddeutschen denken wiederum, dass in Buxtehude die Hunde mit dem Schwanz bellen. Eine entsprechende Bronzeplastik steht sogar in der Altstadt von Buxtehude. Man sagt dort zudem `In Buxtehude da werden die Wildschweine gewaschen und du kannst die Seife halten´. Vielleicht hat das in Buxtehude spielende Märchen aus dem Jahr 1840 vom Wettlauf zwischen Hase und Igel zum seltsamen Ruf der Stadt beigetragen.

Meppen, eine andere Stadt in Niedersachsen, wurde erst durch den Fußball Teil einer Redensart. Meppen spielte lange in der Zweiten Liga und für Erstligavereine war es der Inbegriff der Demütigung durch einen Abstieg, dort antreten zu müssen. Als Torwart Toni Schumacher vom 1. FC Köln zu Schalke wechselte, dort aber der Erfolg ausblieb und er gefragt wurde, ob er auch in der 2. Liga für Schalke spielen würde, sagte er: `Ich fahre doch von hier nicht nach Meppen´. So machte Schumacher den unscheinbaren Verein und Ort bei Fußballfans bekannt und schuf einen Spruch, der in die Alltagssprache einging. In Süddeutschland wird dieser aber eher wenig verwendet. In Baden-Württemberg steht auch Tripsdrill (ein Vergnügungspark bei Stuttgart) für einen abgelegenen absurden Ort (wie Buxtehude), in Bayern auch Hintertupfing.

3. Fakten

3.1 Mehr Brücken als Venedig

Stadt	Brücken
New York	2891
Hamburg	2496
Berlin	2100
Wien	1716
Amsterdam	1680
München	982
London	850
Bremen	800
Duisburg	650
Las Vegas	624
Düsseldorf	540
Augsburg	530
Leipzig	460
Zürich	436
Venedig	426

Quelle: Brueckenweb.de

Dass eine Stadt mehr Brücken als Venedig hat, zählt nur scheinbar zu den urbanen Mythen. Denn Venedig ist relativ kleinflächig und über die Hauptwasserstraßen wie den Canale Grande gibt es nur wenige Brücken. In großflächigen Städten gibt es zudem viel Brücken, die gar nicht über Gewässer führen, sondern zum Beispiel über Eisenbahnlinien. Oder Eisenbahnlinien führen selbst auf Brücken über die Stadt. Wenn man nur Fluss- und Kanalbrücken zählen würde, stünde Venedig viel weiter oben. Bei Zählung aller Brücken können in Deutschland jedoch Hamburg, Berlin, München, Bremen. Duisburg, Düsseldorf, Augsburg und Leipzig zu Recht behaupten, sie hätten mehr Brücken als Venedig.

Stadt (> 500 000 Einwohner)	Grünfläche pro Einwohner, m^2
Bremen	**42,2**
Essen	**33,5**
Köln	**31,8**
Hamburg	**28,4**
Duisburg	**27,4**
Berlin	**26,4**
Hannover	**25,4**
Dortmund	**23,1**
Düsseldorf	**22,7**
Leipzig	**21,9**

Quelle: Statistisches Landesamt Bremen (2016)

Viele Städte behaupten von sich, die grünste Großstadt zu sein. Es ist gar nicht so einfach, das zu überprüfen. Erstens die Frage, wie man überhaupt eine Großstadt definiert. Je kleiner die Stadt, desto größer normalerweise der Anteil der Grünflächen. Die statistische Großstadtschwelle liegt bei 100 000 Einwohnern. Funktional liegt die Großstadtschwelle eher bei 500 000 Einwohnern. Die zweite Frage ist, wie eng die administrativen Grenzen um eine Stadt gezogen sind. München ist relativ eng abgegrenzt. Im Vergleich dazu schließen etwa Hamburg oder Köln größere Gebiete ein. Je großzügiger eine Stadt abgegrenzt ist, desto mehr vom grünen Umland liegt innerhalb ihrer Stadtgrenzen. Zudem kommt es auf die Verteilung der Grünflächen an. Paris hat zum Beispiel relativ wenig grün, aber zwei Parks ganz am Rande der Stadt sind Paris zugeordnet, was die Statistik aufbessert. Bäume entlang von Straßen und in Hinterhöfen zählen nicht zu den Parks, die oft allein in die Grünflächenberechnung eingehen, spielen aber für die Grünanmutung eine Rolle. Hannover behauptet die grünste Großstadt zu sein, weil 12% des Stadtgebietes Grünfläche sind. Bremen kann dagegen die meisten Quadratmeter Grünfläche der 15 größten Städte vorweisen, nämlich 42. Nach dem Datendienst Statista hat Hamburg mit 71.4% den höchsten Grünflächenanteil der Großstädte Deutschlands. Berlin hat wiederum die absolut größte Waldfläche aller deutschen Großstädte (157 km^2).

Nach einer Auswertung von Satellitenbildern kam die *Berliner Morgenpost* auf folgendes Ranking 1. Siegen, 85.8% Grünfläche (980 m^2 pro Einwohner), 2. Göttingen 85.0%, 3. Bergisch Gladbach 84.1%.

Die führenden Städte sind kleinere Großstädte, die außerhalb oder am Rande von Ballungsgebieten liegen und große Waldflächen in ihrer Gemarkung einschließen.

Über 80% Grünfläche haben nach dieser Erhebung auch die Städte Aachen, Freiburg, Bielefeld und Münster.

Würde man am Rande von Waldgebieten liegende großzügig abgegrenzte Kleinstädte einschließen, könnte man wahrscheinlich noch höhere Werte errechnen.

Dreht man den Spieß um und sucht die am stärksten versiegelte Großstadt (bebautes, betoniertes oder asphaltiertes Stadtgebiet), erreicht nach einer Studie des Versicherungsverbandes GDV München mit 47% einen Spitzenplatz, gefolgt von Oberhausen, Hannover, Ludwigshafen und Nürnberg (alle über 40%, am geringsten versiegelt: Potsdam und Freiburg < 20%). München hat enge administrative Grenzen und deshalb eine hohe Bevölkerungsdichte und ist zudem auch gewerbestark, mit entsprechendem Platzbedarf. Die Stadt wächst zudem und laufend werden weitere Flächen versiegelt. Der Versiegelungsgrad ist versicherungs-relevant, weil bei Starkregen Wasser nicht ablaufen kann und es zu Überschwemmungen kommen kann.

<u>3.3 Die höchste Kneipendichte</u>

Stadt	Kneipen/1000 Einwohner (2013)
Bochum	0.99
Köln	0,91
Düsseldorf	0.9
Frankfurt	0,85
Hannover	0,6
Hamburg	0,6
Berlin	0,4
München	0,35
Leipzig, Stuttgart	0,27

Quelle: Projekt Stadtnacht- Management der urbanen Nachtökonomie, 2015

Studentenstädte oder kleinere Touristenstädte werben oft damit, die höchste Kneipendichte Deutschlands oder zumindest ihrer Region zu haben. Dazu gehören Orte wie Regensburg, Aachen, Fulda und Lüneburg (zweithöchste Kneipendichte in Europa nach Madrid), deren Altstädte belebt sind oder die richtige Kneipenmeilen haben.

Das Statistische Landesamt Bayerns hat im Jahre 2019 die Gaststättendichte im Land berechnet. An der Spitze bei den Gaststätten pro 1000 Einwohnern (Durchschnitt Bayern 2.2) standen unter den kreisfreien Städten Schweinfurt (3.9), Aschaffenburg (3.6) und Passau (nicht jedoch das oft zitierte Regensburg, Gaststätte ist jedoch ein weiter gefasster begriff als Kneipe). Die Gemeinde mit der höchsten Gaststättendichte war jedoch Chiemsee, zu der verschiedene Chiemsee-Inseln gehören). Dort gibt es jedoch nur 230 Hauptwohnsitze, ein starker Ausflugsverkehr trägt eine relativ große Zahl an Gaststätten. Ein Gutachten, das von Bochum beauftragt wurde, sieht die Ruhrgebietsstadt mit ihrem `Bermuda-dreieck´ an der Spitze der Großstädte (siehe Tabelle), deutlich vor Hamburg, Berlin oder München.

3.4 Die größte Altstadt

Stadt	
Bamberg	Größte und am besten erhaltene Altstadt Deutschlands
Erfurt	Größte und älteste erhaltene Altstadt jenseits der Alpen
Görlitz	Größtes Flächendenkmal Deutschlands
Frankfurt	Einst größte zusammenhängende Fachwerkaltstadt Deutschlands
Quedlinburg	Deutschlands größte Fachwerkstadt mit 13000 Häusern
Graz	Größte zusammenhängende Altstadt Mitteleuropas
Neapel	Größte Altstadt Europas
Genua	Größte mittelalterliche Altstadt in Europa
Vilnius	Größte Altstadt Nordeuropas

Relativ unumstritten ist die Tatsache, dass Bamberg in Deutschland die flächenmäßig größte Altstadt besitzt. Seit 1993 gehören 142 Hektar der Altstadt zur UNESCO-Liste des Weltkulturerbes. Insgesamt soll die Fläche der Altstadt 444 Hektar betragen. Erfurt reklamiert ebenso, einen der größten Altstadtkerne in Deutschland zu haben. Es war auch schon zu lesen, Erfurt hätte die größte Altstadt nördlich der Alpen (Franken und Thüringer streiten also nicht nur um die beste Bratwurst). Frankfurt reklamiert für sich, einst (das heißt bis zu den Zerstörungen im Zweiten Weltkrieg) die größte zusammenhängende Fachwerkaltstadt Deutschlands gehabt zu haben. Quedlinburg reklamiert heute den Titel größte Fachwerkaltstadt Deutschlands. Görlitz sieht sich als größtes Flächendenkmal, wenn man die gründerzeitlichen Viertel hinzunimmt.

3.5 Größter Marktplatz

Stadt	4 Meere
Freudenstadt	Größter Marktplatz Deutschlands (219m x 216 m)
Heide	Größter (unbebauter) Marktplatz Deutschlands (47 000 m^2)
Krakau	Größter (bebauter) Marktplatz Europas (200m x 200m)
Wismar	Norddeutschlands größter Marktplatz (10 000 m^2)

Sowohl Freudenstadt im Schwarzwald (über 47 000 m^2) als auch Heide in Schleswig-Holstein (47 000 m^2) reklamieren, den größten Marktplatz Deutschlands zu haben. Mittlerweile haben sich die freundschaftlich verbundenen Partnerstädte geeinigt, dass beide Marktplätze gleich groß seien. Freudenstadt hat dabei den größten bebauten Marktplatz und Heide den größten unbebauten. Der Marktplatz von Wismar ist mit 10 000 m^2 viel kleiner. Dennoch beschreibt die Stadt Wismar diesen als größten Norddeutschlands (Heide gehört jedoch auch zu Norddeutschland).
Unbestritten scheint wiederum, dass Krakau den größten bebauten Marktplatz Europas hat. Andererseits soll der Rynek Glowny in Krakau 200x200 Meter messen, das wären allerdings 40 000 m^2 und damit weniger als in den beiden deutschen Kleinstädten.

3.6 Älteste Fußgängerzone

Stadt	Fußgängerzone
Kassel	**Treppenstraße**
Kiel	**Holstenstraße**
Oldenburg	**Altstadt**
Klagenfurt	**Kramergasse**

Sowohl Kassel als auch Kiel reklamieren die älteste Fußgängerzone Deutschlands für sich.

Am 9. November 1953 wurde im kriegszerstörten Kassel die kurze Treppenstraße eröffnet, die erste Fußgängerzone Deutschlands, Treppen eignen sich ja auch nicht für Autos. Die Kieler Holstenstraße wurde am 12. Dezember 1953 für den motorisierten Individualverkehr gesperrt. In Kiel wurde also zum ersten Mal in Deutschland eine bestehende Autostraße in eine Fußgängerzone umgewandelt, während die neu angelegte Treppenstraße in Kassel ja nie Autostraße war.

In Oldenburg (Oldb.) wurde die Fußgängerzone erst 1967 eingerichtet. Es ist jedoch die älteste flächendeckende Fußgängerzone in Deutschland.

Im Juni 1961 wurde in Klagenfurt die Kramergasse zur Fußgängerzone, die älteste Österreichs.

1962 wurde in Kopenhagen die Fußgängerstraße Strøget eingerichtet, damals die längste Fußgängerzone Europas. Eine Fahrbahn blieb jedoch zunächst erhalten. Deshalb gilt sie nicht als älteste Fußgängerzone Dänemarks (das ist die Houmeden in Randers). Trotzdem wird die Strøget öfters in Reiseführern sogar als älteste Fußgängerzone Europas bezeichnet. Dieser Titel gebührt der Lijnbaan in Rotterdam, die am 9. Oktober 1953 als Fußgängerstraße eröffnet wurde (also ganz knapp vor Kassel).

Kirche, Ort	Rekord
Münster, Ulm	Höchster Kirchturm der Welt (161 m)
St. Peter, Rom	Längstes Kirchenschiff (211 m)
Martinskirche, Landshut	Höchster Backsteinturm (130 m)
Marktkirche, Clausthal-Zellerfeld	Größte Holzkirche Deutschlands
Pfarrkirche, Schwaz (Tirol)	Größte vierschiffige Hallenkirche Europas
Dorfkirche, Suurhusen,	Schiefster Turm der Welt
St. Marien, Mühlhausen	Größte gotische Hallenkirche Thüringens
St. Annen, Annaberg	Größte Hallenkirche der Spätgotik in Sachsen
Münster, Herford	Älteste Hallenkirche mit annährend quadratischem Grundriss in Westfalen

Bei Kirchengebäuden werden oft Merkmalsebenen so kombiniert, dass irgendein Rekord herauskommt. Das Ulmer Münster hat mit etwas über 161 Meter Höhe den höchsten Kirchturm der Welt. Die Martinskirche in Landshut ist 31 m weniger hoch, hat aber immerhin den höchsten Backsteinturm der Welt (und den höchsten Kirchenturm Bayerns). St Marien in Mühlhausen ist die größte gotische Hallenkirche Thüringens. Bei St. Annen in Sachsen muss man noch spezifischer sein, um einen Rekord rauszukitzeln. Es ist die größte Hallenkirche der Spätgotik in Sachsen. Noch spezifischer ist man beim Münster in Herford (siehe Tabelle).

3.8 Größtes Gründerzeitviertel

Stadt	Viertel	Fläche Km²
Berlin	**Prenzlauer Berg**	**11**
Bonn	**Südstadt**	**1**
Chemnitz	**Kaßberg**	**2**
Dresden	**Äußere Neustadt**	**1.1**
Görlitz	**Altstadtangrenzende Viertel**	**0.4**
Halle	**Paulusviertel**	**1.1**
Leipzig	**Waldstraßenviertel**	**1**
Wuppertal	**Briller Viertel**	**1.3**
Dortmund	**Nordstadt (größtes von NRW)**	**14.4**

In Deutschland beanspruchen mehrere Stadtviertel den Titel „größtes Gründerzeitviertel". Darunter ist Wuppertal mit dem Briller Viertel, welches auch als größtes Villenviertel Deutschlands gilt. Dresden erhebt mit der Äußeren Neustadt den Anspruch, das größte Gründerzeitviertel zu haben, Halle mit dem Paulusviertel und Leipzig mit dem Waldstraßenviertel. In Bonn ist die Südstadt im Rennen, in Chemnitz der Kaßberg und in Berlin der Prenzlauer Berg. Prenzlauer Berg ist mit 11 km² der flächenmäßig größte Stadtteil, von dem dies behauptet wird. Allerdings ist er nicht durchgehend mit Gründerzeitarchitektur bebaut. Beim Leipziger Waldstraßenviertel mit seinen 626 Einzeldenkmälern ist das eher der Fall, aber das Viertel ist nur 1 km² groß. Der Kaßberg in Chemnitz ist doppelt groß, die Hälfte davon ist allerdings Grünfläche. Das Briller Viertel in Wuppertal hat eine Fläche von 1.3 km², ist aber teilweise durch unterschiedliche Stilepochen geprägt. Der Bezirk Nordstadt in Dortmund hat eine Fläche von 14.4 km², aber nicht alles davon ist Gründerzeitarchitektur.

3.9 Größtes Villenviertel

Stadt	4 Meere	
Wuppertal	**Briller Viertel**	**1.3**
Hamburg	**Othmarschen-Blankenese**	**18.6**
Hamburg	**Bergedorf**	
Berlin	**Dahlem**	**8.4**
Dresden	**Weißer Hirsch**	**< 1**
Wiesbaden	**Dambachberg, Nerotal**	
Eisenach	**Südviertel**	**1**

Wo eine Villa ist, ist auch ein Weg, aber kein einfacher, das größte Villenviertel Deutschlands zu bestimmen. Mit relativ großer Selbstsicherheit behauptet Wuppertal mit dem 130 Hektar großen Briller Viertel in Elberfeld das größte zusammenhängende Villenviertel Deutschlands zu haben, nach manchen Quellen sogar Europas. Manchmal reklamiert Dresden das für das schön am Elbhang gelegene Viertel *Weißer Hirsch* (größtes historisches Villenviertel), doch dieses ist relativ klein. Eisenach meint ebenfalls ein großes Villenviertel zu haben, doch auch dieses umfasst kaum mehr als 1 km^2. Lokalpatrioten sehen auch in Wiesbaden das größte Villenviertel Deutschlands und zitieren Goethe, der einst meinte, in der Stadt bedürfe es nur einer Viertelstunde Steigens, um in alle Herrlichkeit der Welt zu blicken. Wird Dahlem in Berlin in Gänze als Villenviertel gerechnet, käme man auf über 8 km^2, doch nicht der ganze Stadtteil kann als zusammenhängendes Villenviertel eingestuft werden. Noch größer sind die drei Hamburger Stadtteile Othmarschen, Nienstedten und Blankenese zusammen, aber nicht alle Gebäude um die Elbchaussee sind Villen, flächenmäßig könnte das mit dem größten Villenviertel jedoch schon hinkommen. In Hamburg gilt zudem das Bergedorfer Villenviertel als das größte Villengebiet der Stadt.

3.10 Auf sieben Hügeln erbaut

Stadt	Hügel
Rom	(ca 50 m) Aventin, Caelius Esquilin Kapitol, Palatin, Quirinal, Viminal
Bamberg	Domberg, Michelsberg, Kaulberg, Stefansberg, Jakobsberg, Altenburg, Abtsberg
Siegen	(300-375 m), Giersberg, Siegberg, Lindenberg, Häusling, Rosterberg, Fischbacherberg, Wellersberg, etc.
Halle	(ca. 100 m) Großer Galgenberg, Kolkturmberg, Ochsenberg, Lunzberge, Zooberg, Paulusberg, Brandberge
Neuss	Zentraler Büchel, Obertor-Büchel, Marienberg, Sandhügel, drei weitere innerstädtische Hügel ohne Namen
Fulda	Frauenberg, Petersberg, Neuenberg, Johannesberg, Kalvarienberg, Schutzenberg, Halmberg, etc.
Weitere Städte: Deutschland: Kirchberg, Pfarrkirchen Europa: Brüssel, Bukarest, Lissabon, Istanbul, Moskau, Vilnius	

Rom wurde der Legende nach auf sieben Hügeln erbaut. Als *Fränkisches Rom* sieht sich Bamberg in der Pflicht, ebenfalls sieben Hügel nachweisen zu können. Weil Neuss eine von den Römern gegründete Stadt ist, macht man das Spiel dort auch mit, obwohl die Erhebungen dort sehr unscheinbar sind. In Halle sind die Erhebungen schon höher. Siegen kann dagegen veritable Hügel vorweisen. Sieben bringt man da leicht zusammen, aber auch viel größere Zahlen. Auch Fulda hat viel mehr Hügel und Berge, es gibt aber auf *die* Innenstadt begrenzte Zählweisen, die erlauben, auf sieben zu kommen.

3.11 Eine der schönst-gelegenen Städte (Humboldt)

Stadt	Lage
Hannoversch Münden	Zusammenfluss von Fulda und Werra zur Weser
Passau	Dreiflüssestadt zwischen Höhenzügen
Salzburg	Lage an Salzach und zwischen Hügeln
Koblenz	Lage an Zusammenfluss von Rhein und Mosel
Neapel	Bucht von Neapel, Vesuv
Rio de Janeiro	Zuckerhut, Bucht, Berge
Istanbul	Lage an einer Meerenge

Von Hannoversch Münden wird oft behauptet Alexander von Humboldt (1769-1859) hätte sie als eine der sieben schönst-gelegenen Städte der Welt bezeichnet. Humboldt war zwar in der schön am Zusammenfluss von Werra und Fulda gelegenen Stadt, doch für die Aussage gibt es keine schriftlichen Belege. Ähnlich unbelegt ist Humboldts Aussage, die Gegenden von Salzburg, Neapel und Konstantinopel hielte er für die drei schönsten der Welt. Humboldt war weder in Neapel noch in Konstantinopel. Sogar von Rio wird behauptet, Humboldt hätte sie zu den sieben schönst-gelegenen Städte gezählt. Auch in Rio war Humboldt nie. Wahrscheinlicher könnten entsprechende Aussagen Humboldts über Passau und Koblenz sein. Doch auch dafür gibt es keine schriftlichen Belege.

4. Das Wetter

4.1. Regen in deutschen Städten

Stadt	Regenzitat Deutschland
Bielefeld	*Und wenn's nicht regnet in dieser Welt, so regnet's doch in Bielefeld.*
Münster	*In Münster regnet es oder die Glocken läuten (oder eine Kneipe eröffnet). Fällt beides zusammen, ist Sonntag.*
Paderborn	*In Paderborn regnet es oder die Glocken läuten. Fällt beides zusammen, ist Sonntag.*
Bonn	*In Bonn regnet es oder die Bahnschranken sind unten.*
Marburg	*In Marburg regnet es oder es geht bergauf.*
Wuppertal	*In Wuppertal kommen die Kinder mit einem Regenschirm auf die Welt.*
Remscheid	*In Remscheid kommen die Kinder mit einem Regenschirm und mit Gummi- stiefeln auf die Welt.*

Als es die 2002 eröffnete Schnellfahrstrecke Köln-Rhein/ Main noch nicht gab, fuhren viele Fernzüge durch Bonn. Da die Bahnstrecke im Stadtgebiet lag und kaum Unterführungen vorhanden waren, kam es zu häufigen Wartezeiten an geschlossenen Bahnschranken. Wegen des schlechten Bonner Wetters gab es deshalb den Spruch ‚*in Bonn regnets oder die Bahnschranken sind unten.*‘ Die Bahn selbst hatte in den 1960er Jahren den Spruch geprägt ‚*Alle reden vom Wetter. Wir nicht.*‘ Münster gilt als sehr katholisch, hier sagt man ‚*In Münster regnets oder die Glocken läuten. Fällt beides zusammen, ist Sonntag*‘ (manchmal wird hinzugefügt

‚oder eine Kneipe eröffnet‘). Ähnliches sagt man über Paderborn. Es gibt den Spruch ‚*Gott sprach ‚es werde Licht‘ –und es ward Licht. Nur in Paderborn und Münster, da blieb es fünster.*“ Eine Variante ist ‚*Gott sprach, es werde Licht, und es ward Licht - nur in Paderborn und Münster nicht.*‘ Mehr Niederschläge als Bonn (etwa 600 mm pro Jahr) und Münster (800 mm) hat das am Teutoburger Wald gelegene Bielefeld (1000 mm), deshalb der Spruch: ‚*Und regnet's nicht in dieser Welt, so regnet's doch in Bielefeld.*‘

Noch mehr regnet es in Wuppertal (1200 mm), wo selbst die Schwebebahn mit Scheibenwischern ausgestattet ist und die Leute mit Regenschirm joggen. Man sagt ‚*in Wuppertal kommen die Kinder schon mit einem Regenschirm auf die Welt*‘. Mittlerweile gibt es in Wuppertal ein T-Shirt zu kaufen mit der Aufschrift ‚*Wenn schon Regen, dann in Wuppertal*‘. Die ebenfalls im Bergischen Land gelegene und damit regenreiche Stadt Remscheid setzt noch eines drauf ‚*In Remscheid werden die Kinder mit Regenschirm und Gummistiefeln geboren*‘.

In der hügeligen hessischen Studentenstadt Marburg sagt man wiederum: *Entweder es regnet oder es geht bergauf.* Mit der Nachbarstadt wird das Wortspiel gemacht: *es gießt in Strömen, es strömt in Gießen.*

Die Hamburger sagen es gäbe kein schlechtes Wetter, nur schlechte Kleidung. Trotzdem leiden auch sie unter dem ‚Schietwetter‘.

Der Düsseldorfer Heinrich Heine (1797-1856) meinte ‚*Unser Sommer ist nur ein grün angestrichener Winter*‘. Zu seiner Lebenszeit gab es übrigens nach einem Vulkanausbruch in Indonesien eine ‚kleine Eiszeit‘ in Europa.

4.2 (Kein) Regen in europäischen Städten

Stadt	Regenzitat Europa, Ausdruck
Bergen (Norwegen)	*Wenn es nicht regnet, ist Bergen die schönste Stadt der Welt.*
Constantina	*Wenn es in Constantina nicht regnet, tröpfelt es.*
Luzern	*Schüttstein der Schweiz*
Sevilla	*Regen in Sevilla ist ein Wunder.*

Als Europas regenreichste Großstadt gilt Bergen (2500 mm). Dort gab es zeitweise Regenschirme in Automaten. In Bergen wird folgender Witz erzählt: Ein Tourist fragt nach einwöchigem Dauerregen einen Jungen, ob es in Bergen denn nie zu regnen aufhöre. Darauf der Junge ‚Das weiß ich nicht, ich bin erst 8 Jahre alt.‘ Bewohner sagen ‚*Wenn es nicht regnet, ist Bergen die schönste Stadt der Welt*‘. Bergen gilt auch als *Seattle Europas*. Als weißrussische *Schlechtwetterstadt* gilt Minsk.

In Frankreich gilt Bordeaux als ‚*pot de chambre*‘, als ‚Nachttopf des Landes‘ und damit als Regenstadt. Wegen des Regens wird Bordeaux auch als London Frankreichs bezeichnet. Eine zweite französische Regenstadt ist Rouen, der ‚*Nachttopf (pot de chambre) der Normandie*‘. In der Schweiz gilt wiederum Luzern als der *Schüttstein (Schlechtwetterort) des Landes*.

Im Muscial *My Fair Lady* gibt es den Song ‚The Rain in Spain‘ mit dem Satz *The rain in Spain stays mainly in the plane.* In der deutschen Version heißt es 'Es grünt so grün, wenn Spaniens Blumen blühen‘. Die spanische Version lautet ‚*La lluvia en Sevilla es una maravilla*‘ ‚*In Sevilla ist Regen ein Wunder*‘, was für das trockene Klima Südspaniens nicht ganz falsch ist.

In Spanien sagt man, *wenn es in Constantina nicht regnet, so tröpfelt es doch.* Constantina ist eine kleine Stadt in den Bergen bei Sevilla. Dies ist auch ein Wortspiel, denn Constantina bedeutet auch Konstanz.

4.3 Regen in Städten weltweit

Stadt	Regenzitat Welt
Kanazawa (Japan)	*Du kannst (in Kanazawa) das Mittagessen vergessen, aber nicht den Regenschirm.*
Walpole (Australien)	*In Walpole regnet es neun Monate, die übrigen drei Monate tropft es von den Bäumen.*
Vancouver **(Kanada)**	*In Vancouver wird man nicht braun, man rostet.*
Ketchikan **(Alaska)**	*Wenn man in Ketchikan zu lange an der gleichen Stelle stehen bleibt, rostet man.*

Die Amerikaner machen Witze über den Regen in der Westküstenstadt Seattle. Ein Beispiel ‚*Wie ist die Bezeichnung in Seattle für Regen an zwei aufeinander folgenden Tagen? Wochenende.*‘

‚*Wie wirkte sich die Einführung der Sommerzeit in Seattle aus? Es regnete jeden Tag eine Stunde länger.*‘

Auch den in Bergen erzählten Witz mit dem Touristen, der den kleinen Jungen nach 7 Tagen Regenwetter fragt, ob der Regen hier denn irgendwann aufhören würde und dieser dann antwortet, *'ich weiß es nicht, ich bin erst 8 Jahre alt'*, gibt es für Seattle. Auch in Vancouver regnet es oft. Man sagt ‚*In Vancouver wird man nicht braun, man rostet.*‘

Vancouver gilt wegen seiner Filmindustrie als Brollywood, als Hollywood mit Dauerregen.

In Brasilien gilt das auf einer Hochebene 800 Meter über dem Meer gelegene São Paulo wegen seines feuchten Wetters auch als *Terra da Garoa, Land des Nieselns.*

4.4 Regen im übertragenen Sinne

Stadt	Regenzitat International
Brüssel	*Wenn es in Paris regnet, tröpfelt es in Brüssel.*
Den Haag	*Wenn es in Den Haag regnet, tröpfelt es in Brüssel*
Göteborg	*Wenn es in London regnet, spannen die Göteborger ihre Schirme auf.*
Kalkutta	*Wenn es in Moskau regnet, spannen sie in Kalkutta die Regenschirme auf.*

Der Spruch ‚*Wenn es in Paris regnet, nieselt es in Brüssel*‘ ist im übertragenen Sinn gemeint. Was in Paris passiert, wirkt sich (abgeschwächt) auch auf Brüssel aus. Neuerdings gibt es den entsprechenden Spruch für Den Haag (*als het regent in Den Haag druppelt het in Brussel*). Damit ist der Einfluss von Entwicklungen in den Niederlanden auf Flandern und insbesondere das flämische Schulsystem gemeint.

Die westorientierten Göteborger richten sich nach London statt Stockholm, und spannen die Schirme auf, wenn es in England regnet. Für diese geschäftstüchtige Handelsstadt gibt es den Spruch ‚In Göteborg werden keine Gedichte geschrieben, sondern Rechnungen‘.

Zu DDR-Zeiten sagte man auch, *Wenn es in Moskau regnet, gehen in Ost-Berlin die Schirme auf.* Mit einem ähnlichen Spruch wurde die Moskau-Hörigkeit indischer Kommunisten charakterisiert. Wenn es in Moskau regnet spannen sie in Kalkutta (bzw. Delhi oder Madurai) die Schirme auf. Kalkutta gilt traditionell als linke Stadt und als Stadt der Dichter und Denker, mit großem intellektuellen Einfluss auf Indien. Das südindische Madurai, auch *Athen des Ostens* genannt, hatte ebenfalls eine starke linke, Moskau-orientierte Fraktion in der Stadtpolitik.

4.5 Nebliges und trübes Wetter

Stadt	Beiname, Redensart
Ulm	*Hauptstadt des Nebelreiches*
London	*Fogtown*
San Francisco	*Fogtown*
St. John's (CAN)	*Fogtown*
Chongqing	*Wenn in Chongqing (bzw. Sichuan) die Sonne scheint, bellen die Hunde.*

Die schwäbische Stadt Ulm wird wegen ihres trüben Wetters auch ‚*Hauptstadt des Nebelreiches*‘ genannt. Zum nebligen Mikroklima trägt die Lage an der Donau und im Windschatten der Schwäbischen Alb bei.

Als Nebelstadt gilt auch das kalifornische San Francisco. Die Bewohner der Stadt meinen, nichts auf der Welt könnte sich mit dem Nebel in San Francisco vergleichen.

London hat wiederum den Ruf einen besonders dichten Nebel, den *pea souper fog* zu haben (Erbsensuppen-nebel). In Kanada gilt das neufundländische St. John's als Nebelstadt. Das örtliche Eishockeyteam nennt sich *St. John's Fog Devils*.

Washington DC′s Klima wird mit drei H zusammengefasst: *hazy, hot, humid*.

Von Mai bis September hängt über der peruanischen Hauptstadt Lima ein milchiger Nebel, *la garua*. Dies hängt mit einer kalten Meeresströmung zusammen, die die peruanische Küste entlang fließt und viel Kondens-nebel mit sich bringt. Die Bevölkerung meint, von unten auf den Bauch eines Esels (*panza de burro*) zu blicken.

In China gilt das niederschlagsreiche Chongqing (Sichu-an) als *Nebelstadt. Wenn in Chongqing (bzw. Sichuan) die Sonne scheint, bellen die Hunde*, heißt es in China.

4.6 Kaltes Klima und Wetter

Stadt	Beiname, Redensart
Clausthal-Zellerfeld	*Saukalt-Schnellerkält,* *Einzige Hochschule mit zwei Wintersemestern*
Hof	*Bayerisch' Sibirien*
Stetten am kalten Markt	*Stetten am kalten Arsch*

Napoleon sagte einst, Deutschland hätte 6 Monate Winter und 6 Monate keinen Sommer. Heinrich Heine meinte: *Unser Sommer ist auch nur ein grün angestrichener Winter.*

Im 550 m hoch gelegenen Clausthal-Zellerfeld im Harz hätte er nicht studieren können. Die Studenten dort sagen auch ‚Saukalt-Schnellerkält' und meinen die TU Clausthal wäre die *‚einzige Uni mit zwei Wintersemestern'.*

Als ‚kalte Stadt' gilt auch das oberfränkische Hof, wegen des rauen Klimas, der geographischen Randlage und dünnen Besiedlung auch *‚bayerisch Sibirien'* genannt.

Stetten am kalten Markt (Schwäbische Alb) hat einen Truppenübungsplatz und deshalb verschlägt es viele Soldaten hierher, die die Stadt auch als *Stetten am kalten Arsch* verspotten. Dazu wird folgende Sage erzählt: Ein Bauer ging vor über hundert Jahren im Juni in Stetten auf den Markt, um dort eine Ziege zu verkaufen. Zunächst mochte sie niemand kaufen. Die Ziege stand herum, meckerte und fraß. Irgendwann stand sie nur noch und gab keinen mehr Laut von sich. Und als dann doch ein Käufer kam, stellten sie fest, dass die Ziege erfroren war. Fortan hieß der Ort Stetten am kalten Markt.

Der Winter 2016 war etwas kälter als in anderen Jahren. In Hennef bei Bonn war die Sieg gefroren. Manche sagten zu diesem Anblick *Siegbirien.*

Stadt	Beiname, Redensart
St. Moritz	*Neun Monate Winter und drei Monate kalt.*
Engelberg (Schweiz)	*In Engelberg währt der Winter 13 Monate. Das übrige ist Sommer.*
Vitoria Gasteiz	*Siberia Gasteiz*
Madrid	*Madrid hat 3 Monate Höllenhitze und 9 Monate Winterkälte (nueve meses de invierno y tres de infierno)*
Tromsö	*Tromsö hat 9 Monate Winter und 3 Monate schlechte Skiverhältnisse.*
Kopenhagen	*8 Monate Winter, 2 Monate Frühling und 2 Monate Herbst*
Arjeplog (Schweden)	*Capital of winter driving/testing*
Winnipeg	*Winterpeg*
Calgary	*Coldgary*
Buffalo (USA)	*Snow Capital*
Harbin (China)	*The Ice City*
Werchojansk	*Kälteste Stadt der Welt*
Oimjakon	*Kältestes Dorf der Welt*
Aklavik (CAN)	*Mudtropolis of the Arctic*

Im warmen Spanien gilt die auf 525 m Höhe gelegene baskische Stadt Vitoria Gasteiz als kalt und wird deshalb *Siberia Gasteiz* genannt. Madrid (670 m) gilt vielen Spaniern ebenfalls als kalt, deshalb der Spruch mit den 9 Monaten Winter, der für das nordnorwegische Tromsö eher berechtigt ist und auch für St. Moritz. Auch Kanada hat kalte, lange Winter, Winnipeg wird deshalb auch *Winterpeg* genannt, Calgary *Coldgary*. In den USA gilt Buffalo als *Snow Capital*, in China Harbin als *Eisstadt*. Das sibirische Werchojansk sieht sich wiederum als *kälteste Stadt der Welt*, während das nahe gelegene Oimjakon noch kälter und so das kälteste Dorf der Welt ist. Durch den Klimawandel taut der Permafrostboden im kanadischen Aklavik und die Stadt wird zu *Mudtropolis*.

<u>4.7 Luftverschmutzung</u>

Stadt	Beiname, Verballhornung
Pittsburgh	*Hell with the lid taken off (früher)*
Los Angeles	*Smog Angeles*
Fresno	*Asthma capital of California*
Las Vegas	*Smog City*
Texas City	*Toxic City (durch Ölraffinerie)*
London	*The Big Smoke*
Cubatao	*Valley of Death*
Peking (Beijing)	*Greyjing*
Kochi (Indien)	*Asthma City*

London galt früher auch als ‚The Big Smoke'. Während der Londoner Smogkatastrophe (The Great Smog) von 1952 starben mehrere tausend Menschen. Als Folge davon wurde 1956 der Clean Air Act beschlossen, der zu einer deutlichen Verbesserung der Luftqualität führte.

Auch die ehemalige US-Stahlstadt Pittsburgh gilt nicht mehr als ‚*Hölle mit geöffnetem Deckel*'. In Los Angeles ist die Luft durch abgasarme Fahrzeuge ebenfalls deutlich besser geworden, doch der Beiname *Smog Angeles* ist noch nicht ganz abgestreift. Sommersmog wird übrigens auch Los Angeles-Smog genannt, Wintersmog London-Smog. Eine andere kalifornische Stadt mit Problemen der Luftqualität ist Fresno (*Asthma Capital of California*). In Europa leiden die Athener unter einer braunen Smogwolke, *Nefos* genannt.

In Südostasien ist das Problem weniger lokal, hier breitet sich seit der Jahrtausendwende eine braune Smogwolke über ganze Länder aus, die *Asian Brown Cloud* (ABC). Auch Peking (Beijing) hat Umweltprobleme. Wegen eines durch Luftverschmutzung bedingten Grauschleiers wird die Stadt auch *Greyjing* genannt. In Brasilien wird die Stahlstadt Cubatao wegen der Luft- und Wasserverschmutzung ‚*Tal des Todes*' genannt.

4.8 Wetterfolge: Erkältung

Stadt	Regenzitat International
Paris	*Wenn Paris niest, bekommt Europa einen Schnupfen.*
Paris	*Wenn Paris niest, bekommt Frankreich einen Schnupfen.*
Kalkutta	*Wenn sich Kalkutta erkältet, niest der Rest Indiens.*
Rotterdam	*Wenn das Ruhrgebiet niest, hat Rotterdam sich erkältet*

Der österreichische Diplomat Metternich (1773-1859), der auf dem Wiener Kongress bei der Neuordnung Europas nach Napoleon eine wichtige Rolle spielte, meinte einst ‚*Wenn Paris niest, bekommt Europa einen Schnupfen*‘. Paris stand für Frankreich, welches damals das am weitesten entwickelte Land Europas war, das *Zifferblatt Europas*, an dem man den gesellschaftlichen Fortschritt ablesen konnte. Paris selbst gab in Frankreich den Ton an und es hieß und heißt noch heute ‚*Quand Paris s'éternue, la France s'en rhume*‘ - wenn Paris niest, bekommt Frankreich eine Erkältung. Ähnliches galt einst für Kalkutta (vor wenigen Jahren in Kolkata umbenannt), bis 1911 Hauptstadt der Kolonie Britisch-Indien und intellektuelles Zentrum des Landes. In Indien sagt man auch, was *Westbengalen* (wo Kalkutta liegt) *heute denkt, denkt Indien morgen.*
Rotterdam ist ein wichtiger Hafen für das Ruhrgebiet und Barometer der wirtschaftlichen. Deshalb der Ausdruck, *wenn das Ruhrgebiet niest, hat Rotterdam sich erkältet.* Der Ausdruck *if ... sneezes ... gets a cold*, wird auch auf das Verhältnis USA - Europa und das im Finanzsektor voneinander abhängige Städtepaar New York - London (auch *Nylon* genannt) angewandt (*if New York/Wall Street sneezes, London gets a cold*).

5. Rivalen

5.1 Städterivalen Deutschland

Land/Region	Städterivalen
NRW	*Köln-Düsseldorf*
NRW	*Dortmund-Essen*
Norddeutschland	*Hamburg-Bremen*
Schleswig-Holstein	*Lübeck-Kiel*
Sachsen	*Leipzig-Dresden*
Sachsen-Anhalt	*Magdeburg-Halle*
Niedersachsen	*Hannover-Braunschweig*
Rhein-Main	*Wiesbaden-Mainz*
Rhein-Neckar	*Ludwigshafen-Mannheim*
Hessen	*Frankfurt-Offenbach*
Hessen	*Gießen-Wetzlar*
Thüringen	*Erfurt-Jena*
Bayern	*Nürnberg-Fürth*
Schwarzwald	*Villingen-Schwenningen*

‚*Hamburg ist das Tor zur Welt, aber wir haben den Schlüssel dazu*‘ sagen die Bremer, denn das Bremer Stadtwappen zeigt einen Schlüssel (während das Hamburger Wappen passenderweise ein Tor zeigt). Als im Februar 1946 die Wochenzeitung DIE ZEIT gegründet wurde, wollte man im Logo der Zeitschrift, welches vom Wiener Jugendstilkünstler Carl Otto Czscheska gestaltet wurde, das Hamburger Tor verwenden. Die Stadtregierung lehnte dies jedoch als Missbrauch eines Hoheitszeichens ab. So fuhr man nach Bremen und erhielt dort prompt die Genehmigung, den Bremer Schlüssel kostenfrei nutzen zu können. So ziert noch heute die Titelseite dieser Hamburger Wochenzeitung ein Bremer Symbol. Heute sind Bremen und Hamburg nur noch im Fußball Rivalen, denn Hamburg hat sich längst als stärkere der beiden Städte etabliert. Ihre Rivalität zelebrieren dagegen noch Düsseldorf und Köln. Köln ist älter und historisch bedeutsamer, Düsseldorf jedoch

Landeshauptstadt. Das Zentrum Kölns liegt linksrheinisch, Düsseldorf rechtsrheinisch. In Köln sagt man im Karneval Alaaf, in Düsseldorf Helau. In Köln trinkt man Kölsch, in Düsseldorf Alt. In Düsseldorf ein Kölsch oder in Köln ein Alt zu bestellen, würde als Affront angesehen. Angeblich gibt es in Köln keine Verkehrsschilder, die zeigen, wie man nach Düsseldorf kommt. Die Kölner sagen auch ‚*Über Köln lacht die Sonne, über Düsseldorf die Welt*'. Die Düsseldorfer meinen dasselbe über Köln. Dortmund und Essen sind eigentlich Rivalen, aber viel weniger als Köln und Düsseldorf. Auch im Fußball spielen die beiden Städte in anderen Ligen. Fußballrivalen sind dagegen Dortmund und Gelsenkirchen (Schalke). In Dortmund sagt man Herne-West, wenn man Schalke meint, in Gelsenkirchen Lüdenscheid-Nord für Dortmund.

In Niedersachsen sind Braunschweig und Hannover Rivalen. Braunschweig ist älter als Hannover und war ehemals Hauptstadt eines eigenen Herzogtums. Nachdem in Niedersachsen die Regierungsbezirke abgeschafft wurden, ist Braunschweig heute nicht mal mehr Bezirkshauptstadt. Auch im Fußball sind beide Städte Rivalen. Die Braunschweiger Fans sagen Peine-West, um den Namen des anderen Vereins nicht aussprechen zu müssen, die Hannoveraner kontern das mit Peine-Ost.

Eine bestimmte Rivalität besteht auch zwischen Kiel und der Hansestadt Lübeck, die oft mehr Gemeinsamkeiten mit der Hansestadt Hamburg als mit Kiel sieht und einer Vereinigung der beiden Bundesländer nicht abgeneigt wäre. In Lübeck sagt man dazu, *Lieber von Hamburg regiert, als von Kiel schikaniert*.

Im Schwarzwald gibt es Rivalität innerhalb einer Stadt, der Doppelstadt Villingen-Schwenningen. Die historische Stadt Villingen gehörte einst zum Land Baden, die Industriestadt Schwenningen dagegen zu Württemberg.

5.2 Städterivalen Europa

Land/Region	Städterivalen
Österreich	*Klagenfurt-Villach* *St. Pölten- Wiener Neustadt*
Großbritannien	*Liverpool-Manchester* *Glasgow-Edinburgh*
Italien	*Genua-Venedig,* *Florenz-Siena* *Bologna-Padua* *Rom-Mailand*
Finnland	*Helsinki-Turku-Tampere*
Norwegen	*Oslo-Bergen*
Polen	*Krakau-Warschau*
Portugal	*Lissabon-Porto*
Schweden	*Göteborg-Stockholm*
Spanien	*Madrid-Barcelona*
Russland	*St. Petersburg-Moskau*
Europa	*Paris-London*

Historisch große Rivalen waren Venedig (la Serenissima) und Genua (la Superba). Venedig liegt in einer flachen Lagune, Genua an einer Steilküste. Venedig ist nach Osten orientiert, Genua nach Westen. Der Venezianer Marco Polo machte sich auf, Asien zu entdecken, der Genuese Kolumbus entdeckte Amerika. In Großbritannien sind Manchester und Liverpool die größten Stadtrivalen, was sich heute noch im Fußball zeigt. Manchester war Mitte des 19. Jahrhunderts die bedeutendste Industriestadt Großbritanniens, Liverpool ihr bedeutendster Hafen. Um nicht vom Hafen Liverpool abhängig zu sein, baute man nach Manchester den Manchester Ship Canal.
In Schweden machen Göteborger Witze über Stockholmer und umgekehrt. Göteborg schaut mehr nach Westen, bis nach England, Stockholm sieht sich als Hauptstadt der Ostsee und schaut auch nach Osten.

5.3 Städterivalen übrige Welt

Land/Region	Städterivalen
China	*Shanghai-Peking*
Indien	*Delhi-Mumbai*
Japan	*Tokio-Osaka*
Vietnam	*Ho Chi Minh (Saigon) -Hanoi*
Syrien	*Damaskus-Aleppo*
Kongo	*Kinshasa-Brazzaville*
Australien	*Sydney-Melbourne*
Brasilien	*Rio de Janeiro-Sao Paulo*
Ecuador	*Guayaquil-Quito*
Kanada	*Montreal-Toronto*
	Calgary-Edmonton
USA	*New York- Boston*
	Dallas-Houston
	San Francisco- Los Angeles
	Minneapolis-St. Paul
	Memphis-Nashville
Südafrika	*Johannesburg-Kapstadt*

In Australien sind Sydney und Melbourne Rivalen. Das hat dazu geführt, dass die Hauptstadt des Landes zwischen beide Städte nach Canberra gelegt wurde. Ähnliches gilt für Leon und Granada in Nicaragua (neue Hauptstadt Managua) und Toronto, Kingston und Montreal in Kanada (neue Hauptstadt Ottawa).

In Japan ist Tokio die Hauptstadt, aber das Essen ist in Osaka besser, außerdem ist die Bevölkerung dort unternehmerischer. Die beiden Städte zelebrieren kleine Unterschiede. Auf Rolltreppen in Osaka steht man auf der rechten Seite und geht auf der linken Seite, auf Rolltreppen in Tokio ist es umgekehrt. In Osaka haben die Friseure montags zu, in Tokio dienstags.

5.4 Das Beste ist der Zug nach/die Autobahn

Stadt	*Redensart*
	Zug
Augsburg	*Das Schönste an Augsburg ist der D-Zug nach München (Münsterer/Brecht).*
	Autobahn
Erfurt	*Das Beste an Erfurt ist die Autobahn nach Jena.*
Stuttgart	*Das Schönste an Stuttgart ist die Autobahn nach München.*
Bremen	*Das Schönste an Bremen ist die Autobahn nach Hamburg.*
Braunschweig	*Das Beste an Braunschweig ist die Autobahn nach Hannover.*
	Bus, U-Bahn
Wiesbaden	*Das Beste an Wiesbaden ist der Bus (Linie 6) nach Mainz (Mainzer Sicht).*
Fürth	*Das Beste an Fürth ist die U-Bahn nach Nürnberg.*

Der in Augsburg geborene Bertolt Brecht (1898-1956) soll angeblich gesagt haben, das Schönste an Augsburg wäre der D-Zug nach München. Doch es gibt keinen Beleg für dieses Zitat. Die Webseite Augsburgwiki führt es auf Brechts Freund Hans Otto Münsterer zurück, der Anfang der 1960er Jahre in seinen Erinnerungen schrieb, dass wenn Brecht nach Augsburg gefragt worden wäre, er wahrscheinlich spöttisch gesagt hätte, das schönste daran sei der D-Zugwagen nach München. Heute gibt es viele ähnliche Sprüche, doch meistens beziehen sie sich auf die Autobahn und nicht mehr den längst abgeschafften D-Zug. In Mainz bezieht sich der Spruch sogar auf einen Bus, in Fürth auf die U-Bahn.

5.5 Über ..lacht die Sonne, über… die Welt

Stadt	Redensart
Köln	*Über Köln lacht die Sonne, über Düsseldorf die Welt. (Kölner Sicht)*
Mainz	*Über Mainz lacht die Sonne, über Wiesbaden die Welt. (Mainzer Sicht)*
Braunschweig	*Über Braunschweig lacht die Sonne, über Hannover die Welt. (Braunschweiger Sicht)*
Erfurt	*Über Erfurt lacht die Sonne, über Jena die Welt. (Erfurter Sicht)*
Frankfurt	*Über Frankfurt lacht die Sonne, über Offenbach die ganze Welt. (Frankfurter Sicht)*
Fürth	*Über Fürth lacht die Sonne, über Nürnberg die ganze Welt. (Fürther Sicht)*
Kiel	*Über Kiel lacht die Sonne, über Lübeck die ganze Welt. (Kieler Sicht)*

Über…. lacht die Sonne, über... die Welt ist ein nettes Wortspiel, das Städterivalen auch gerne einsetzen. Am häufigsten nutzen es die Kölner und Mainzer. Gelegentlich drehen es die Düsseldorfer und Wiesbadener um. Auch zwischen Fußballrivalen wird das angewandt, vor allem auch, wenn gerade das eine Team gewonnen und das andere auf peinliche Weise verloren hat. Braunschweiger und Hannoveraner verwenden den Spruch sowohl auf den Fußball bezogen, als auch auf die beiden Städte allgemein. 2010 kam im Ruhrgebiet der Song raus `*Auf Schalke lacht die Sonne, über Dortmund die ganze Welt'*.

5.6 Das Schönste an ..ist der Blick auf..

Stadt	*Redensart*
Ludwigshafen	*Das Schönste an Ludwigshafen ist der Blick nach Mannheim.*
Wiesbaden	*Das Schönste an Wiesbaden ist der Blick nach Mainz.*
Neu-Ulm	*Das Schönste an Neu-Ulm ist der Blick auf Ulm.*
Offenbach	*Das Schönste an Offenbach ist der Blick nach Frankfurt.*

Die Redensart *vom schönsten Blick auf* hat meist auch eine gewisse reale Berechtigung. Liegen sich Städte auf verschiedenen Flussseiten gegenüber, hat eine Seite meist das größere historische Zentrum und die bessere Silhouette. Das gilt vor allem für Neu-Ulm, eine eher gesichtslose Stadt, von deren Donauufer man jedoch einen wunderbaren Blick auf die Ulmer Altstadt (mit Stadtmauer und Münster) nördlich der Donau hat. Von Offenbach, vor allem von den neuen Wohngebieten am Hafen, bietet sich ein interessanter Blick auf die Skyline Frankfurts. Der Blick von der Chemieindustriestadt Ludwigshafen auf Mannheim ist weniger eindrucksvoll, und man sieht ebenfalls auch Industrie und Hafenanlagen, aber immerhin besser als der umgekehrte Blick. Die Mainzer Stadtteile östlich des Rheins, also Amöneburg, Kostheim und Kastel, kamen nach dem 2. Weltkrieg zu Hessen und gehören damit heute zu Wiesbaden. Von Mainz-Kastel, also Wiesbaden, bietet sich ein schöner Blick auf das Panorama der Mainzer Innenstadt.

5.7 Lieber in.. leben als in.. sterben

Stadt	Redensart
Frankfurt	*Lieber in Frankfurt sterben als in Offenbach leben.*
Nürnberg	*Lieber in Nürnberg sterben als in Fürth leben.*
Köln	*Eine Beerdigung in Köln ist lustiger als der Fasching in München.*

Frankfurt und Offenbach sind historische Rivalen. Aber Frankfurt ist Offenbach so sehr davongezogen, dass man Offenbach längst nicht mehr auf Augenhöhe sieht, sondern auf diese Stadt herabschaut. Deshalb auch der Frankfurter Spruch *Lieber in Frankfurt sterben, als in Offenbach leben.* Ähnliches sagen die Nürnberger über Fürth, jedoch seltener. Dabei ist Fürth eine unterschätzte, im Krieg kaum zerstörte Stadt mit wunderbarer historischer Bausubstanz. In Nürnberg sagt man auch Lieber Fünfter als Fürther und Fränkisch, *Wer nix is und wer nix wädd wädd wädd in Fädd* und *Fürth ist halb so groß wie der Friedhof von New York, aber doppelt so tot.* Im Rheinland geht es wiederum lustiger zu als etwa in München oder anderen Orten. Einmal wurde ein Zeitungsartikel über einen Senatspfarrer betitelt mit „Eine Beerdigung in Köln-Dellbrück ist lustiger als der Karneval in Münster".

5.8 Gott schütze uns

Stadt	Redensart
Köln	*Gott schütze uns auf dieser Welt, vor Nippes, Kalk und Ehrenfeld.*
Gehren	*Gott schütze uns auf dieser Welt vor Neustadt, Böhl´n und Altenfeld.*
Hamburg	*Gott schütze uns vor Sturm und Wind und Menschen, die aus Bremen sind.*

Als Nippes, Kalk und Ehrenfeld noch graue Industrievororte von Köln waren, wollte man als guter Kölscher Katholik gerne Gott zu Hilfe rufen, um sich vor diesen Orten zu schützen.

In der thüringischen Kleinstadt Gehren war man einst auf die Nachbarorte Neustadt, Böhlen und Altenfeld nicht gut zu sprechen. Im Jahre 2018 hat jedoch ein Ort, der gar nicht auf der Liste war, Gehren einfach geschluckt. Seither ist Gehren ein Stadtteil von Ilmenau. Der in Hamburg auf Bremer bezogene Spruch *Gott schütze uns vor Sturm und Wind,* wird auf alle möglichen anderen Dinge angewendet, zum Beispiel auf Autos (…Autos die aus England, Frankreich, Wolfsburg etc. sind) aber auch auf Deutsche im Ausland. Zudem gibt es regionale Varianten (*Gott schütze uns vor Sturm und Böen, und Autofahrern aus dem Kreis Plön*).

5.9 Gott erschuf im Zorn

Region	Redensart
Hamburg	*Gott erschuf im Zorn, Billstedt, Hamm und Horn.*
Westfalen	*Gott erschuf im Zorn, Bielefeld und Paderborn.*
Westfalen	*Gott erschuf im Zorn, die Senne bei Paderborn.*
Niederösterreich	*Gott erschuf im Zorn Allentsteig, Zwettl und auch Horn.*
Niederösterreich	*Gott erschuf in seinem Zorn, Zwettl, Weitra, Horn.*

Bielefeld muss Einiges ertragen. Die Stadt gibt es angeblich nicht, zumindest nicht auf dieser Welt. Gleichzeitig wurden Bielefeld und Paderborn von Gott im Zorn geschaffen. Dabei äußerten sich Soldaten ursprünglich über den Truppenübungsplatz Senne: *Gott erschuf in seinem Zorn, die Senne bei Paderborn.* Über Österreichs größten Truppenübungsplatz Allentsteig in Niederösterreich (15 700 ha) wird Ähnliches gesagt. Bei der entsprechenden Redensart nimmt man noch den Nachbarort Zwettl und wegen des Reimes Horn (oder andere Orte wie Weitra) dazu. Horn ist auch ein im Krieg stark zerstörter Hamburger Stadtteil, zu dem es einen ähnlichen Spruch gibt.

6. Aufzählungen und Arbeitsteilung

6.1 Regiert, arbeitet…

Gebiet	….regiert,… arbeitet, … feiert
Sachsen	*Chemnitz arbeitet, Leipzig handelt, Dresden feiert.*
Portugal	*Lissabon regiert, Porto arbeitet, Coimbra studiert, Braga betet.*
Israel	*Jerusalem betet, Haifa arbeitet, Tel Aviv tanzt.*
Honduras	*Tegucigalpa denkt, San Pedro Sula arbeitet, La Ceiba feiert.*

In Sachsen sagte man früher *Chemnitz arbeitet, Leipzig handelt und Dresden feiert* (bzw. *Dresden gibt das Geld aus*). Chemnitz, auch Rußchemnitz genannt, war als sächsisches Manchester eine wichtige Industriestadt, Leipzig war die Messe- und Handelsstadt, während Dresden, das *Elbflorenz*, die glanzvolle Landeshauptstadt war. Allerdings wurden im Raum Dresden auch wichtige Erfindungen gemacht, darunter das Porzellan, der Teebeutel und die Spiegelreflexkamera.

In Portugal haben die fleißigen Bewohner der Industriestadt Porto ähnliche Vorbehalte gegenüber der Hauptstadt Lissabon. Die Redensart wird allerdings noch um eine Studentenstadt und ein kirchliches Zentrum ergänzt. Eine Variante lautet: ‚*Lissabon ist ein Platz der Waffen, Coimbra der Studenten, Porto der Händler und Vila Real der Liebhaber*‘. In Israel gibt Jerusalem die fromme Stadt, während Tel Aviv die Rolle der lebenslustigen Partymetropole einnimmt. In Honduras feiert man in La Ceiba, während man in der Hauptstadt noch am Nachdenken ist und in San Pedro Sula in Zigarrenfabriken und Maquiladores-Exportfirmen arbeitet.

☞ In Frankreich sagt man: *Paris zum Schauen, Lyon zum Haben, Toulouse zum Lernen, Bordeaux zum Ausgeben.*

Nieder-lande	*In Rotterdam wird das Geld verdient, in Den Haag verwaltet, in Amsterdam ausgegeben.*

Die Rotterdamer sagen manchmal, dass *Rotterdam arbeitet (Geld verdient) und Amsterdam das Geld ausgibt.* Manchmal wird dies dadurch ergänzt, dass *Den Haag das Geld verwaltet* bzw. über das Ganze redet.

Eigentlich sind alle Niederländer tatkräftig, ein Sprichwort sagt ,*Gott hat die Welt erschaffen, aber die Holländer haben die Niederlande geschaffen* (In Friesland sagt man auch ,*Gott hat die Welt erschaffen, aber der Friese hat die Küste geschaffen*').

Auch Amsterdam musste dem Wasser abgerungen werden. Dafür waren viele Pfähle notwendig, die aus Deutschland per Floß ins Land kamen. Es hieß *Amsterdam ist auf dem Frankenwald gebaut* und *Amsterdam gründet auf Norwegen*, denn viele Arbeiter aus dem skandinavischen Land waren mit dem Setzen der Gründungspfähle beschäftigt. Ein anderer Spruch ist der, dass *Amsterdam aus Heringsgräten erbaut* sei, denn durch die Heringsfischerei kam die Stadt zu Wohlstand.

Im Mittelalter war im heutigen Beneluxraum Brügge wichtigste Stadt und wichtigster Hafen, doch durch Versandung wurde der Zugang zum Meer blockiert und die Stadt zu *Bruges la morte*, Brügge die Tote. Antwerpen stieg zum führenden Hafen auf und es hieß, *Gott hat Antwerpen die Schelde gegeben, aber die Schelde gab Antwerpen alles. Die Welt ist ein Ring und Antwerpen der Diamant* sagte man. Später wurde Amsterdam, dann Rotterdam wichtiger. Rotterdam gilt wegen seines Hinterlandes auch als ,Deutschlands größter Hafen'. Es heißt, im tatkräftigen Rotterdam werden in den Läden *die Hemden mit bereits hochgekrempelten Armen verkauft.*

Land	Redensart
Deutschland	*Venediger Macht,* *Augsburger Pracht,* *Nürnberger Witz,* *Straßburger Geschütz,* *Ulmer Geld,* *regiert die Welt.*

In Deutschland hieß es einst 'Venediger Macht, Augsburgs Pracht, Nürnberger Witz, Straßburger Geschütz, Ulmer Geld regiert die Welt.'

Venedig war im Mittelalter mit seiner Flotte eine große Macht. Augsburg war durch die reichen Kaufleutedynastien der Fugger und Welser eine prächtige Stadt. Mit Nürnberger Witz war der Erfindungsreichtum in diesem *„Schatzkästlein des Deutschen Reiches'* gemeint. In Nürnberg wurde zwischen 1390 und 1500 unter anderem die erste Papiermühle Deutschlands eingerichtet, der erste mechanische Drahtzug entwickelt, der Globus und die Taschenuhr erfunden. Bald hieß es *Nürnberger Tand* (Produkte) *geht durch alle Land.* Später (1835) fuhr zwischen Nürnberg und Fürth die erste Eisenbahn Deutschlands.

In Straßburg war wiederum ein besonderes Pulver entwickelt worden, welches seinen Geschützen große Durchschlagskraft verlieh. Ulm war eine bedeutende Münzstätte und die dort geprägten Münzen (Ulmer Geld) waren in ganz Mitteleuropa verbreitet.

☞ Für das nördliche Sachsen-Anhalt gab es einst den Spruch: *„die Stendaler trinken gern Wein, die Gardeleger wollen Junker sein, die Tangermünder haben den Mut, die Salzwedeler haben das Gut, die Seehäuser sind Abenteurer, die Osterborger sind Recken und wollen den Bullen vor dem Bären niederstrecken.'*

<u>6.4 Hansestädte</u>

Land/Region	**Redensart der Hansezeit**
Hansestädte	*Lübeck ein Kaufhaus,*
	Köln ein Weinhaus,
	Braunschweig ein Zeughaus,
	Danzig ein Kornhaus,
	Hamburg ein Brauhaus,
	Magdeburg ein Backhaus,
	Rostock ein Malzhaus,
	Lüneburg ein Salzhaus,
	Stettin ein Fischhaus,
	Halberstadt ein Frauenhaus,
	Riga ein Hanf- und Butterhaus,
	Reval ein Wachs- und Flachshaus,
	Krakau ein Kupferhaus,
	Wisby ein Pech- und Teerhaus.

Die oben vollständig angegebene mittelalterliche Redensart zu den Hansestädten wird auch abgekürzt zitiert als

> *Lübeck ein Kaufhaus*
> *Köln ein Weinhaus*
> *Hamburg ein Brauhaus*
> *Lüneburg ein Salzhaus*

Lübeck war die Königin der Hanse. Also war sie ihr Kaufhaus, wo alles zu haben war. Köln hatte das Stapelrecht für die vom Oberlauf des Rheins kommenden Waren, darunter Wein von Rhein und Nebenflüssen, und war so nach Bordeaux die bedeutendste europäische Weinhandelsstadt. Hamburg besaß ebenfalls Stapelrecht, was ihr zum Status einer bedeutenden Brauerstadt verholfen hat. Aus Lüneburg kam Salz, welches auch nach Lübeck gebracht wurde, um dort Fische zu konservieren. Wegen Hanfanbau in Lettland galt Riga als Hanfstadt.

6.5 Städte in Schleswig-Holstein

Region	Redensart
Ostküste	*Kiel is dat hoge Fest,* *Rendsburg dat Kraiennest* *Schleswig is de Waterpohl* *Eckernförd de Kackstohl*
Südliche Westküste	*Itzehoe is dat hoge Fest* *Crempe dat Rattennest* *Wilster de Waterpohl* *Und Glückstadt de Horenschol*
Südliche Westküste	*En Herr ut Glückstadt* *En Börger ut Itzehoe* *En Mann ut Wilster* *En Kerl ut Cremp*

In Schleswig-Holstein gibt es eine Reihe ähnlicher Städtesprüche, die meist vier Städte beschreiben. Die Aufzählung fängt mit einem positiven Begriff an, zum Beispiel hoge Fest, das hohe Fest, vor allem in den Städten, aus denen der jeweilige Spruch stammt (wie Kiel oder Itzehoe). Darauf folgen zunehmend negative Begriffe über benachbarte Orte. Zum Beispiel Ratten- oder Krähennest. Schließlich ist die Pfütze an der Reihe (Waterpohl, Wasserloch). Abgeschlossen wird die Aufzählung mit dem Kackstohl (Klo) oder auch der Horenschol (Hurenschule).

Glückstadt (Marinejargon Lucky town) findet sich in einer anderen Aufzählung (die wohl aus Glückstadt selbst stammt) jedoch an erster Stelle, von dort kommt der Herr, aus Itzehoe der Bürger, aus Wilster der Mann und aus Krempe nur der Kerl.

Redensart	Stadt
Mellerscht hat´s Feld	*Mellrichstadt*
Münnerscht hat´s Geld	*Münnerstadt*
Flade hat´s Holz	*Fladungen*
Neusch´t hat n´ Stolz	*Neustadt an der Saale*
Kissi´ge hat´s Salz	*Bad Kissingen*
Kingshufe hat´s Schmalz	*Königshofen*
Bischume hat´n Fleiß	*Bischofsheim*
So hast den Rhöner Kreis.	

Münnerstadt war einst die reichste Stadt der Rhön, man sieht es noch ein bisschen an den hohen Stadttürmen. Bei der Kurstadt Bad Kissingen wird im Neckreim auf die Solevorkommen, die den mineralischen Sauerbrunnen speisen Bezug genommen. Fladungen liegt von Wald umgeben am hang der Rhön. Neustadt an der Saale ist stolz auf seinen großen Marktplatz, hat eine schöne Pfarrkirche und eine intakte Stadtmauer. In Mellrichstadt gibt es noch heuet Felder innerhalb des engeren Stadtgebietes.

6.7 Wenn ... mein wäre, so wollt ich's in ... verzehren

Wenn... mein wäre	So wollt ich's in ... verzehren
Nürnberg	*Bamberg*
Frankfurt	*Mainz*
Leipzig	*Freiberg*
Naumburg	*Jena*

Albrecht von Eyb, Domherr zu Bamberg und Schriftsteller schrieb 1452 in seinem ‚Lobspruch auf Bamberg‘ *Wenn Nürnberg mein wäre, wollt ich's in Bamberg verzehren.*

Bamberg war damals den Sinnenfreuden stärker zugeneigt als das von Gewerbefleiss geprägte Nürnberg. Die Kombination des in Nürnberg erarbeiteten Wohlstandes mit der Lebensqualität Bambergs bot nach diesem Spruch also das beste Ergebnis.

Einen ähnlichen Spruch gab es für das Städtepaar Frankfurt - Mainz. Wieder war die Bischofsstadt (Mainz) diejenige, wo es sich besser leben ließ. Beim Städtepaar Naumburg - Jena war es jedoch nicht der Bischofssitz (bis 1568 war Naumburg ein solcher), sondern die Studentenstadt Jena (ab 1558 war Jena Universitätsstadt), die die höhere Lebensqualität aufwies.

Die bessere Lebensqualität der reichen Bergbaustadt Freiberg im Vergleich zu Leipzig hing früher wohl mit kulinarischen Genüssen zusammen. Beispiele sind die Gebäcke Freiberger Eierschecke und Freiberger Bauerhase, das Freiberger Bier und die Freiberger Magenwürze.

☞ Die Japaner sagen übrigens *Kioto Kidaore, Osaka kuidaore* -die Einwohner von Kioto geben alles für gute Kleidung aus, während die Bewohner von Osaka, der kulinarischen Hauptstadt Japans, ihr ganzes Geld für gutes Essen ausgeben.

<u>6.8 Bistümer</u>

Bistümer am Rhein	*Chur oberste (höchstgelegene)* *Konstanz größte* *Basel lustigste* *Straßburg edelste* *Speyer andächtigste* *Worms ärmste* *Mainz würdigste* *Trier älteste* *Köln reichste und gewaltigste*

Der Schweizer Kulturhistoriker Jacob Burckhardt gab die Redensart in seinem Aufsatz *Skizzen zu Basel* wieder. Er bezog sich auf die Bistümer am Rheinstrome, wobei diese in ihrer geographischen Reihenfolge stromabwärts aufgezählt werden. Der Rhein ist hierbei mehr als Korridor zu sehen, denn Trier liegt am Nebenfluss Mosel. Seine Heimatstadt Basel kommt dabei immerhin als lustigste raus.

Heute hat von diesen Bistümern in Deutschland Köln die meisten Katholiken (2.0 Millionen), gefolgt von Trier (1.4), Mainz (0.7, zu welchem auch das frühere Bistum Worms gehört) und Speyer (0.5). Konstanz gehört heute zum Bistum/Diözese Freiburg (1.9 Millionen Katholiken). In der Schweiz umfasst das Bistum Basel 1.1 Millionen Katholiken, Chur 0.7 Millionen. Das Erzbistum Straßburg hat heute 1.4 Millionen Katholiken. Köln ist also weiterhin das größte dieser Bistümer, mit einem Vermögen von 3.4 Milliarden Euro im Jahre 2016 wahrscheinlich auch das reichste.

6.9 Umwege und seltsame Wege

Stadt	Weg
Niedersachsen	*Peine-Paris-Pattensen*
Hamm (NRW)	*Paris-Palermo-Pelkum*
Rhein-Neckar	*Ketsch-Brühl-Antwerpen*
Sachsen	*Potschappel-Rom*
Ahrtal	*Müsch-Prüm-Paris*
Pirmasens	*Knopp-Schopp-Tirol*
Aargau (CH)	*Dintike-Dottike-Mailand*

Wer von der östlich von Hannover gelegenen Stadt Peine über Paris in die unmittelbar südlich von Hannover gelegene Kleinstadt Pattensen reist, fährt einen großen Umweg. Die entsprechende niedersächsische Redensart (auch Peine-Pattensen-Paris) bedeutet einen Umweg machen oder etwas auf umständliche Weise tun. In Hamm sagt man stattdessen Paris-Palermo-Pelkum (ein Stadtteil von Hamm). Im Rheinland war die ursprüngliche Bedeutung von Müsch (oder Meckenheim)-Prüm-Paris, dass man sich den Franzosen anschließen sollte.

Im Rhein-Neckar-Raum geht der entsprechende Spruch auf eine 1966 stillgelegte Nebenbahn zurück. Diese führte von Ketsch über Brühl (Baden) und den ehemaligen Luftschiffwerft-Haltepunkt *An den Werften* (verballhornt zu Antwerpen) nach Mannheim-Rheinau.

In der Pfalz sind Knopp(-Labach) und Schopp Gemeinden. Schopp liegt zwischen Pirmasens und Kaiserslautern und hat noch Bahnanschluss.

Dintikon (lokaler Dialekt: Dintike) und Dottikon (Dottike) sind Gemeinden im Kanton Aargau.

Potschappel war eine Station auf dem mittelsächsischen 750 mm-Schmalspurnetz. 1921 schloss sich das Dorf mit Deuben und Dühlen zur Stadt Freital zusammen. Freital-Potschappel ist heute ein Bahnhof der Dresdener S-Bahn.

<u>6.10 Italienische Städte</u>

Region	Städte
Mittelitalien	*Firenze la bella* (die *Schöne)* *Padova la dotta* (die Gelehrte) *Ravenna l'antica* (die Antike) *Roma la santa* (die Heilige)
Norditalien	*Milano la grande* (die Große) *Venecia la ricca* (die Reiche) *Genova la superba* (die Mächtige) *Bologna la grassa* (die Fette)
Nordost-italien	*Brescia kann, will aber nicht,* *Verona will, kann aber nicht* *Vicenza kann und will,* *Padua kann nicht und will nicht.*

In Italien gibt es ähnliche Redewendungen, die den Charakter wichtiger italienischer Städte beschreiben. Oft werden vier Städte darin aufgelistet. So sagt man zum Beispiel

Florenz die Schöne
Padua die Gelehrte,
Ravenna die Antike
Rom die Heilige

Padua galt wegen ihrer angesehenen Universität, an welcher im 17. Jahrhundert Galileo Galilei lehrte, als *die Gelehrte*.
Eine andere Städtekombination ist:

Milano la grande,
Venezia la ricca,
Genova la superba,
Bologna la grassa.

Bologna gilt als kulinarische Hauptstadt Italiens. Weil hier gut gegessen wird, wird Bologna auch als die Fette (la grassa) bezeichnet.

Bologna la grassa, ma Padova la passa

.. aber Padua übertrifft sie noch.
Wegen ihrer Universität (1088 gegründet) gilt Bologna allerdings auch, wie Padua, als *la dotta*, wegen seiner linken Stadtregierung auch als *la rossa*. Bologna also insgesamt als *la dotta, la rossa, la grassa*.
Venedig war früher eine mächtige Stadt und gilt heute als einer der ehrwürdigsten ('La serenissima'). Wie Florenz wird die Stadt auch als *la bella* bezeichnet. Da sie einst auch über Padua herrschte, gibt es den Spruch von Padua als ihrer (kleinen) Schwester:

Venezia la bella e Padova sua sorella.

Zudem sagt man
Veneziani gran signori, padovani gran dottori,
vicentini magnagatti, veronesi tutti matti.

Während die Paduabewohner große Doktoren sind, sind die Vicentiner, die im Mittelalter von Venedig zur Bekämpfung der Mäuseplage angeforderte Katzen nicht geliefert hatten, Katzenfresser (mangiagatti, was zu magnagatti verdreht wurde) sind und die Veroneser sind alle verrückt.
In Salerno sagte man früher
Wenn Salerno einen Hafen hätte, wäre Neapel tot.

Den gleichen Spruch gibt es für Sizilien:

Se Catania avesse porto, Palermo saria morto.
Wenn Catania einen Hafen hätte, wäre Palermo tot.

Catania wird wegen seiner Gebäude aus Lavastein übrigens auch *schwarze Tochter des Ätna* genannt.

6.11 Städte und Produkte Polens

Polnische Produkte	*Danziger Goldwasser (Likör)* *Krakauer Jungfrauen (Lebkuchen)* *Thorner Honigkuchen,* *Warschauer Stiefel* *..sind das Beste von Polen*
	Warschauer Schuh, Posener Mädchen *Semmeln aus Wislicy,* *Bier aus Przemysl* *.. sind das beste aus Polen*

Im Mittelalter stand für die Polen Krakau höher als Wien. Es gab den Spruch *'Jeden Wieden, Praga maga, Krakow miasto'-Ein Wien, magisches Prag, aber Krakau ist Stadt.* Nach einer Legende verschwanden vor vielen hundert Jahren immer wieder Jungfrauen aus Krakau und keiner wusste wohin. Eines Tages mussten die Krakauer feststellen, dass in einer dunklen Höhle unter dem Wawel-Hügel ein feuerspeiender Drache hauste. Der Krakauer Fürst versprach: wer immer auch diesen Drachen tötete, sollte seine Tochter zur Frau bekommen. Viele Ritter verloren beim Versuch das Leben. Dann kam ein Schusterjunge daher, nahm einen Schafspelz, füllte ihn mit Pech und Schwefel, nähte ihn zu und warf ihn vor die Höhle. Der Drache war hungrig und verschlang das falsche Schaf auf der Stelle. Doch bald wurde der Drache von dem Pech und Schwefel, welches in seinem Schlund brannte, so durstig, dass er zur Weichsel rannte. Dort trank und trank er so viel Wasser, bis er plötzlich mit einem lauten Knall platzte. Heute braucht man kein Drache zu sein, um *Krakauer Jungfrauen,* so heißen die Lebkuchen der Stadt, zu essen. Auch Thorn hat berühmte Lebkuchen. Danzig ist für seinen Goldwasser-Likör bekannt, in welchem wirklich Gold schwimmt, Warschau für sein Schuhwerk.

6.12 Russische und ukrainische Städte

Stadt	Historische Funktion
Moskau	*Herz Russlands*
St. Petersburg	*Kopf Russlands, Fenster*
Kiew	*Mutter der russischen Städte*

Im Juni 1812 startete Napoleon einen Feldzug gegen Russland. Obwohl St. Petersburg damals die Hauptstadt war, zielte Napoleon darauf ab, Moskau einzunehmen. Er begründete dies so
‚*Wenn ich Kiew einnehme, dann habe ich Russlands Füße, wenn ich St. Petersburg einnehme, dann habe ich seinen Kopf, aber wenn ich Moskau einnehme, treffe ich Russland ins Herz.*‘
Napoleon glaubte, die Einnahme Moskaus würde auch den Zarenhof in St. Petersburg zur Kapitulation bewegen. Tatsächlich nahmen Napoleons Truppen im September 1812 die Stadt ein. Doch die Stadt war von weiten Teilen der Bevölkerung verlassen worden. Bald kam es zu Bränden, in denen weite Teile Moskaus zerstört wurden und Napoleon realisierte, dass er an diesem Ort seine Truppen nicht über den Winter bringen konnte. Mitte Oktober begann der Rückzug, welcher wegen des bald einsetzenden Winters den meisten französischen Soldaten das Leben kostete.
Während Napoleon Kiew als *Füße Russlands* beschrieb, sehen die Russen Kiew als die *Mutter aller russischen Städte*, obwohl es die Hauptstadt der Ukraine ist. St. Petersburg einst auch als *Russlands Fenster nach Europa* angesehen, wird jedoch heute manchmal auch als *Seele Russlands* tituliert. Andererseits wird auch Moskau als *Russlands Herz und Seele* gesehen. Moskau gilt auch als die asiatischste Hauptstadt Europas, während Petersburg als europäischste Stadt Russlands gilt.

6.13 Städte im Nahen und Mittleren Osten

Region	Zitat zu Städten
Marokko	*Tanger Danger;* *Marrakech, Aranakesch* *Agadir, rien à dire* *Safi ça suffit, Essaouira ça ira!*
Iran	*Als Shiraz Shiraz war, war Kairo einer seiner Vororte*
Pakistan	*Sogar zusammen wären Shiraz und Isfahan nicht halb so viel wie ein Lahore.*
Punjab (Indien/ Pakistan)	*Sogar der Komfort, den man in Balkh und Buchara hat, kann nicht mit dem Komfort mithalten, den man zuhause haben kann.*

1923 wurde die marokkanische Stadt Tanger zur internationalen Zone erklärt und von Franzosen, Spaniern, Briten und Italienern verwaltet. Der Hafen wurde zum zollfreien Gebiet. Weil sich niemand richtig zuständig fühlte, wurde die Grundlage für eine Freizügigkeit geschaffen, welche Schriftsteller, Aussteiger und Außenseiter anzog. 1956 kam die Stadt jedoch zum unabhängig gewordenen Marokko und die Bohèmiens wanderten wieder ab. In den 1960er und frühen 1970er Jahren gab es eine zweite literarische Blüte, doch danach stieg Tanger zu einer zwielichtigen Drogenstadt ab, in welcher viele versuchten, einreisende europäische Touristen auszunehmen. In Marokko hieß es bald *Tanger, Danger*. Heute wendet sich ihr Schicksal wieder, Investitionen fließen in die Stadt und ihr Hafen wird zum wichtigsten Marokkos ausgebaut.

Balch (Balkh) ist heute eine kleine Stadt in Afghanistan, war aber einst so bedeutend, dass sie im Punjab zusammen mit der wichtigen Stadt Buchara in einer Redewendung zum komfortablen Leben genannt wird.

6.14 Städte in China

Zitat zu Städten	
Altes Sprichwort	*In Suzhou geboren werden,* *in Hangzhou leben* *in Guangzhou essen* *in Liuzhou sterben* *- das ist das Beste.*
Neuere Redensart	*In Beijing Geschäfte machen,* *in Shanghai einkaufen* *in Guangzhou essen,* *- das ist das Beste.*
	Geh in Guangzhou essen, *Vergnüge dich in Shanghai,* *Kleide dich in Dalian ein.*

Ein altes chinesisches Sprichwort sagt ‚*Das Beste ist: in Suzhou geboren werden, in Hangzhou zu leben, in Guangzhou zu essen und in Liuzhou zu sterben.*' Suzhou und Hangzhou galten in China früher als Paradies auf Erden. Dort ließ sich's am besten leben. Kanton (Guangzhou) hatte jedoch die beste Küche, dort aß man also am besten. In Liuzhou (Provinz Guangxi) wurden die besten Holzsärge produziert, welche den Leichnam nach dem Tod zudem konservierten. Für eine Wiedergeburt war man also am besten präpariert, wenn man in Liuzhou starb.

Eine modernere Abwandlung der Redensart besagt, dass man *in Beijing (Peking) Geschäfte machen, in Shanghai einkaufen und in Guangzhou (Kanton) essen* sollte. Eine Variante davon ist, dass man sich in *Shanghai vergnügen, aber in Dalian* (einer modeorientierten Stadt) *einkleiden soll.* Gegessen wird wiederum in Guangzhou.

7. Rekorde

7.1 Die schönste Stadt, das Paradies

Land	Zitat
China	*Im Himmel gibt es das Paradies, auf der Erde Suzhou und Hangzhou.*
Usbekistan	*In allen anderen Gegenden der Welt kommt das Licht von oben herab, in Bukhara steigt es hinauf.*
Deutschland	*Nörgens bäter as in Bokelt.*
Deutschland	*Lübeck, Hamburg, Bremen, müssen sich nicht schämen.*

Der deutsche Naturforscher Alexander von Humboldt (1769-1859) soll Hannoversch Münden wegen seiner Lage am Zusammenfluss von Fulda und Werra zur Weser als eine der sieben am schönsten gelegenen Städte der Welt bezeichnet haben. Dies ist jedoch fraglich, es gibt keine schriftlichen Aufzeichnungen zu dieser Aussage.
Von der Drei-Flüsse-Stadt Passau wird Ähnliches behauptet. Napoleon soll auch gesagt haben *,Ich habe in Deutschland keine so schöne Stadt gesehen wie Passau.'* Venedig soll Napoleon als *'schönsten Treffpunkt Europas'* bezeichnet haben.
Die Koblenzer glauben ebenfalls, Humboldt hätte ihre Stadt zu den schönst-gelegenen gerechnet. Zudem hätte er das nahe Bad Honnef als ,deutsches Nizza' gesehen. Sogar Bad Füssing glaubt, Humboldt hätte diesen eher unscheinbaren Kurort zu den schönsten Städten gerechnet. Die Salzburger meinen wiederum, Humboldt hätte ihre Stadt, zusammen mit Neapel und Istanbul, zu den 5 (nicht 7) schönstgelegenen Städten gezählt.
Theodor Heuss, von 1949-1959 erster deutscher Bundespräsident, war zwar Schwabe, doch dennoch Freund der im 2. Weltkrieg stark zerstörten westfälischen Stadt Mün-

ster. Wenn er in Deutschland unterwegs war und gefragt wurde, wie ihm diese oder jene Stadt gefiele, die er gerade besuchte, antwortete er, sie sei die zweitschönste Stadt Deutschlands. Die schönste aber sei Münster. Ebenfalls im Münsterland liegt Bocholt. Die Bocholter sagen *‚Nirgends besser als in Bocholt‘*.

Stefan Zweig dankte Augsburg *'für eine der stärksten bildnerischen Eindrücke, die ihm je eine deutsche Stadt gegeben hat'*. Mark Twain bezeichnete Heidelberg als *das Höchstmögliche an Schönheit*. Für Hölderlin war Heidelberg die *Ländlichschönste der Vaterlandstädte*.

Im Jahre 1918 schrieb Hermann Hesse über seine Heimatstadt *'Die schönste Stadt aber, von allen die ich kenne, ist Calw an der Nagold'*. Später soll Hesse Istanbul als schönste Stadt der Welt bezeichnet haben, was jedoch nicht belegt ist.

Als es noch zum deutschen Sprachraum gehörte, galt in Deutschland Straßburg als Inbegriff guten Lebens. Wenn einer gut gelebt hatte, hieß es *‚Er ist viel nach Straßburg auf die Hochzeit gefahren.‘*

Thomas Mann sagte über Prag *'Ich bin froh, wieder einmal hier zu sein, in dieser Stadt, deren architektonischer Zauber fast einzigartig unter allen Städten der Welt ist'*. Goethe nannte die 'Goldene Stadt' auch *'einen schönen Edelstein in der Krone der Welt'*.

George Bernard Shaw meinte, *wenn die Sterblichen das Paradies auf Erden sehen wollten, sollten sie nach Dubrovnik reisen*.

Im Jiddischen gab es früher den Ausdruck ‚Leben wie Gott in Odessa‘ (*Lehn voi Got in Odes*). Odessa galt als gottlose Stadt und Gott hatte dort also wenig zu tun.

Für die Chinesen gehören die bei Shanghai gelegenen Städte Suzhou und Hangzhou zum Paradies. Marco Polo beschrieb Hangzhou als *‚die schönste und großartigste Stadt der Welt‘*.

7.2 Die schlimmste Stadt

Region	Zitat
Niedersachsen	*In Aurich ist's schaurig, in Leer noch viel mehr. Doch will einen Gott so wirklich bestrafen, dann schickt er ihn nach Wilhelmshaven.*
Ruhrgebiet	*Wenn so Essen aussieht, wie sieht dann Kotzen aus.*
Westfalen	*Gott erschuf in seinem Zorn, Bielefeld und Paderborn.*
Rhein-Neckar	*Will Gott einen bestrafen, so schickt er ihn nach Ludwigshafen. Bestraft er ihn ein zweites Mal, so schickt er ihn nach Frankenthal. Bestraft er ihn in Permanenz, so schickt er ihn nach Pirmasens.*
Rhein-Main	*Der Architekt, der Mainz gebaut, gehört verprügelt und verhaut.*
Bergisch-Gladbach	*Schäbbisch Gläbbisch (Schäbiges Gladbach)*
Siegen	*Was ist schlimmer als Verlieren? Siegen.*

Als Deutschlands hässlichste Stadt gelten unter anderem die Stahl- und Weltkulturerbestadt Völklingen, Eisenhüttenstadt, Hagen, Gießen, Salzgitter, und Ludwigshafen. Im Ruhrgebiet finden sich gelegentlich Bochum, Duisburg und Gelsenkirchen auf entsprechenden Listen. Über Essen lassen sich dagegen bessere Wortwitze machen. Im Nordwesten Deutschlands hat Wilhelmshaven nicht den besten Ruf. Im Rhein-Main-Gebiet Offenbach, im Rhein-Neckar-Raum ist es die Chemiestadt Ludwigshafen. Bielefeld und Paderborn sind dagegen schon fast ansehnlich, aber Gottes Zorn reimt sich halt gut auf Paderborn.
Neuere (eher übertrieben negative) Beinamen für Städte mit Drogen- und Kriminalitätsproblemen sind Salzghetto (Salzgitter) und Rosencrime (Rosenheim).

7.3 Die ärmste Stadt

Stadt	Zitat
Gelsenkirchen	*Arm, ärmer, Gelsenkirchen*
Bremerhaven	*Arm, ärmer, Bremerhaven*
Wilhelmshaven	*Drei Seiten Wasser, eine Seite Armut*

Eine Studie von ZDF und Bertelsmann fand im Jahr 2019 heraus, dass Gelsenkirchen, was die Lebensbedingungen betrifft, auf dem letzten Platz von 401 untersuchten Stadt- und Landkreisen liegt. Die Armutsquote liegt hier bei 26% der Bevölkerung, das Einkommen pro Kopf und Jahr bei 16 203 Euro, halb so viel wie im Kreis Starnberg. Selbst in der Uckermark und im Kyffhäuserkreis lagen die Einkommen höher. Daraufhin startete der Gelsenkirchener Olivier Kruschinski eine selbstironische Kampagne unter #401GE. `Wir sind also das Allerletzte. Das ist doch geil´. Und `Jetzt haben wir einen Platz zu verteidigen. Wenn wir schon nichts haben, dann sollten wir uns zumindest das nicht auch noch nehmen lassen´. Zudem wollte er das Motto etablieren: `Wir sind das Letzte. GErne´. Und weiter `Das Beste kommt schließlich immer zum Schluss´. Mit 17 741 Euro pro Kopf gehört auch Bremerhaven zu den 20 ärmsten Kreisen Knapp drüber liegt die ebenfalls unter Strukturproblemen leidende Stadt Wilhelmshaven, der ärmste Kreis Niedersachsens (18 498 Euro pro Kopf). Wilhelmshaven ist die einzige Nordseestadt mit einem Südstrand. An drei Seiten ist die Stadt von Wasser umgeben und an einer Seite von Armut, wie die Redensart sagt.

<u>7.4 Die langsamsten Bewohner</u>

Land	Mitglied von Cittaslow/Slowcity
Deutschland	*Bad Schussenried, Berching, Bischofsheim (Rhön), Blieskastel, Deidesheim, Hersbruck, Lüdinghausen, Nördlingen, Penzlin, Überlingen, Waldkirch, Wirsberg, Bad Essen*
Österreich	*Enns, Hartberg, Horn*
Schweiz	*Mendrisio*

Eine Studie einer Schweizer Universität über die Geschwindigkeit in Schweizer Städten wurde einmal mit folgendem Witz eingeleitet:

Ein Berner kommt ins Krankenhaus, weil er sich ein Bein gebrochen hat. Der Arzt fragt ihn, wie das geschah. "Ich bin auf einer Schnecke ausgerutscht." "Auf einer Schnecke, das ist aber ungewöhnlich! Haben Sie die denn nicht gesehen?" "Nein, sie kam von hinten."
Über die Berner heißt es, sie lachten bei einem Witz dreimal: das erste Mal, wenn man ihnen den Witz erzählt. Das zweite Mal, wenn man ihnen den Witz erklärt und das dritte Mal, wenn sie ihn verstanden haben.
In Bern werden die Tempo-20-Zonen immer weiter ausgeweitet. Allerdings ist Bern nicht Mitglied der in Italien begründeten Cittaslow-Bewegung. Diese umfasst hauptsächlich Kleinstädte.
Was den Verkehr betrifft, zeigte eine Studie im Jahr 2019 Düsseldorf als langsamste Stadt Deutschlands. London gehört verkehrlich wiederum zu den langsamsten Städten in Europa. In Südafrika haben sie eine originelle Erklärung, warum Kapstadt Mother City genannt wird. Dort braucht man 9 Monate, um etwas zu erledigen.

7.5 Die italienischste, französischste, englischste... Stadt

Charakter	Land	Stadt
italienischste Stadt	Deutschland	*Regensburg*
	Österreich	*Graz*
	Schweiz	*Bellinzona*
	Kroatien	*Rovinji*
französischste Stadt	Niederlande	*Maastricht*
	Belgien	*Lüttich*
	Deutschland	*Saarbrücken*
	Kanada	*Quebec*
	USA	*Woonsocket*
amerikanischste Stadt	USA	*Chicago*
	Mexiko	*Monterrey*
	Deutschland	*Frankfurt*
englischste Stadt	Neuseeland	*Christchurch*
	Kanada	*Victoria*
deutscheste Stadt	USA	*Milwaukee*
	Brasiliens	*Pomerode*
spanischste	Spanien	*Sevilla*
mexikanischste	Mexiko	*Guadalajara*

Die neuseeländische Stadt Christchurch gilt als *englischste Stadt außerhalb Englands*. In Kanada gilt Victoria als englischste Stadt. Als französischste Stadt Deutschlands wird entweder das grenznahe Saarbrücken oder das französisch klingende Saarlouis bezeichnet. In Kanada rivalisiert Montreal mit Quebec um den Titel der französischsten Stadt. Als amerikanischste Stadt der USA gilt Chicago, in Deutschland gilt Frankfurt wegen seiner Wolkenkratzer als amerikanisch. In Deutschland wird wiederum Regensburg, manchmal auch Wasserburg oder München, wegen der italienischen Zuwanderer sogar auch Wolfsburg, *nördlichste Stadt Italiens* genannt.

7.6 Die gepflegteste Sprache

Sprache	Stadt
Deutsch	*Hannover*
Niederländisch	*Dronten, (früher: Haarlem)*
Italienisch	*Florenz*
Spanisch	*Salamanca, Valladolid*
Portugiesisch	*Coimbra*
Englisch	*Oxford*
Französisch	*Paris, Tours*
Dänisch	*Kopenhagen/Seeland*
Tschechisch	*Prag*
Polnisch	*Krakau, Warschau*
Ukraine	*Lemberg (Lwiw)*
Türkisch	*Istanbul*
Chinesisch (Mandarin)	*Peking, Harbin*
Arabisch	*Damaskus*

Baden-Württemberg wirbt mit dem Spruch ‚Wir können alles außer Hochdeutsch‘. Dabei ist das Hochdeutsche dem Oberdeutschen, aus welchem Martin Luther es einst für die deutsche Version der Bibel formte, und so dem Süddeutschen näher als dem Plattdeutschen, welches früher im Norden gesprochen wurde. Aber gerade deshalb sprechen die Norddeutschen heute ein besseres Hochdeutsch - sie mussten es noch mal lernen und die Gefahr der Vermischung mit dem Plattdeutschen war geringer. Heute gilt das niedersächsische Hannover als die Stadt, wo das beste Deutsch gesprochen wird. Da Berlin historisch gesehen nur für kurze Zeit Hauptstadt war und am preußischen Hof lange Französisch gesprochen wurde, kommt, anders als in Frankreich, die beste Sprachvariante nicht aus der Hauptstadt. Die Berliner pflegen sogar grammatikalisch falsche Spracheigenheiten, sind aber sehr kreativ, was Spitznamen für Gebäude betrifft.

Wie Deutschland war auch Italien lange politisch und sprachlich zersplittert. Das moderne Italienisch wurde schließlich aus dem Florentiner Dialekt entwickelt. In Italien sagte man früher auch ‚*Lingua toscana in bocca romana*‘, das heißt dass das toskanische Italienisch aus römischem Mund am schönsten klingt.

Auf der iberischen Halbinsel wird in der alten Universitätsstadt Salamanca das beste Spanisch gesprochen. Madrid war lange eine zu unbedeutende Stadt, um die spanische Hochsprache prägen zu können.

Andere Länder, wo alte Universitätsstädte neben der Hauptstadt als Orte der gepflegtesten Hochsprache gelten, sind Großbritannien (‚Oxford-Englisch‘), Portugal (Coimbra) und Polen (Krakau). In der Ukraine wird, je weiter man nach Osten kommt, je mehr Russisch gesprochen. Auch in der Hauptstadt Kiew überwiegt die russische Sprache. Ein besseres Ukrainisch spricht man im Westen des Landes, so in Lemberg (Lwiw). Im Osmanischen Reich gab Istanbul den Ton an. Die dortige Variante des Türkischen gilt bis heute als Hochsprache.

Für China gibt es folgende Redensart: *Wenn du Chinesisch lernen willst, geh nach China, wenn du Mandarin lernen willst, geh nach Peking, wenn du Standard Mandarin lernen willst, geh nach Harbin.*

Kaum verständlich für Mandarin-Sprecher ist das im Perlflussdeltaraum (Kanton, Hongkong) gesprochene Kantonesisch. In China gibt es den Spruch: *Ich fürchte weder Himmel noch Erde, jedoch fürchte ich Kantonesisch-Sprecher, die versuchen, Mandarin zu sprechen.*

Eine noch schwerer verständliche Variante des Chinesischen wird jedoch in Wenzhou gesprochen. In China sagt man ‚*fürchte dich nicht vor Himmel und Erde, aber fürchte dich, wenn du jemanden aus Wenzhou seinen lokalen Dialekt sprechen hörst*‘.

7.7 Die witzigsten (geizigsten) Einwohner

Land	Stadt
Dänemark	*Arhus*
Finnland	*Laihia (Geiz)*
Spanien	*Lepe*
Bulgarien	*Gabrovo (inkl. Geiz)*
UK-Schottland	*Aberdeen*
Polen	*Wachok*
Japan	*Nagoya (Geiz)*
Syrien	*Homs und Hama*
Guatemala	*Huite*
Kolumbien	*Pasto*

Die Deutschen lachen über die Ostfriesen, in Österreich gibt es Burgenländerwitze, die Rumänen machen Witze über die Bewohner der Region Oltenia, die Türken über die Lazen, die Griechen über die Schwarzmeergriechen usw. In manchen Ländern sind die Bewohner bestimmter Städte Opfer von Witzen. Darunter haben diese früher gelitten. Heute stricken sie teilweise selbst an den Witzen mit, denn das zeigt, dass die Stadt Humor hat, und verhilft der Stadt zu Aufmerksamkeit und einem Alleinstellungsmerkmal. Hier ein paar Beispiele für solche Witze:

* Warum tragen die Einwohner von Wachok (Polen) im Winter weiße Stiefel. Damit sie keine Fußabdrücke im Schnee hinterlassen.

* Wie spielen die Frauen von Aarhus Russisches Roulette? Mit 6 Anti-Babypillen und einem Tic Tac.

* Ein Homsi (Einwohner von Homs) bestellte eine Pizza. Die Bedienung fragt, ob sie diese in 6 Teile oder in 12 Teile schneiden soll. Der Homsi antwortet: ‚*6 bitte, ich könnte nie 12 Stück verdrücken.*‘

*Warum stellen die Einwohner von Lepe den Fernseher auf den Kopf. Damit sie das Höschen der TV-Ansagerin sehen können.

*Ein Soldat aus Pasto soll Wache schieben. Der Oberst befiehlt ihm, auf einen Baum zu klettern und Ausschau zu halten. Der Pastuso-Soldat meldet: *‚1000 Mann sind im Anmarsch. ‚Freunde oder Feinde‘,* fragt der Oberst. *‚Freunde, siehst du nicht, sie reden miteinander.‘*

* Eine Frau aus Huite (Guatemala) schreibt an ihren Sohn. *'Wenn du diesen Brief bekommen hast, dann hast du ihn erhalten. Wenn nicht, sag es mir und ich schicke ihn nochmal. Ich schreibe langsam, da ich weiß, dass du kein Schnellleser bist. Das Wetter ist gut, letzte Woche hat es nur zweimal geregnet, zuerst drei Tage lang, dann vier Tage lang. Deine dich liebende Mutter.*
P.S.: Ich wollte dir 100 Quetzal schicken, aber leider habe ich den Briefumschlag schon zugemacht.

Witze zum Geiz der Bewohner:

* Wo feiern die Bewohner von Laihia ihre Hochzeiten? Im Hühnerstall, damit der bei der Hochzeit geworfene Reis nicht verloren ist.

* Die Bewohner von Gabrovo in Bulgarien schneiden den Katzen die Schwänze, damit sie die Tür schneller zumachen können, wenn sie die Katze hinauslassen- so sparen sie Heizenergie. Eine schwarze Katze mit abge-schnittenem Schwanz ist zum Symbol Gabrovos geworden.

* In Aberdeen fiel einer jungen Frau eine 2-Pence-Münze vor einen Bus. Sie sprang auf die Straße, um die Münze zu sichern, wurde aber vom Bus überfahren. Weil sie erst 20 war, wurde die Todesursache von der Polizei ermittelt. Diese kam zu der Schlussfolgerung: ‚Sie starb eines natürlichen Todes‘.

<u>7.8 Die größten Schildbürger</u>

Land	Stadt/Region
Deutschland	*Schilda, Teterow, Beckum*
Dänemark	*Molbo (Halbinsel Mols)*
Finnland	*Hölmölä*
Großbritannien	*Gotham*
Niederlande	*Kampen*
Polen	*Chelm (jüdischer Humor)*
Tschechische Republik	*Kokourkov, Simperk*
Ungarn	*Ratot*

Verschiedene deutsche Städte reklamieren für sich den Titel, Heimat der Schildbürger zu sein. So sieht sich Beckum (Westfalen) als Schilda, als norddeutsches Schilda gilt wiederum Teterow (Mecklenburg). Die Schilda-Geschichten zu Kampen (Niederlande) und Molbo (Dänemark) ähneln den deutschen. Chelm in Ostpolen ist das Schilda des jüdischen Humors. Hier ein paar Beispiele für entsprechende Geschichten:

*Die Bürger von Schilda wollen ein neues Rathaus bauen. Doch der Architekt vergisst bei der Planung die Fenster. Im Rathaus ist es deshalb stockfinster. So versuchen die Schildbürger das Sonnenlicht mit Eimern einzufangen und es ins Rathaus zu tragen, was natürlich misslingt.

*Die Beckumer wollen den Marktplatz-Brunnen vom Schlamm reinigen. Eine Kette aus Männern wird den Brunnen hinuntergelassen. Der Oberste kann nicht mehr und sagt zu denen unter ihm. *‚Haltet euch fest, ich muss in die Hände spucken‘.* So fallen alle in den Brunnen.

*Die Teterower fangen einen Hecht im Teterower See, den sie dem Landesherren auftischen wollen. Da dieser erst in ein paar Wochen kommt und der Fisch nicht so lange frisch bleibt, lassen sie diesen wieder ins Wasser. An der Stelle wo sie den Hecht ins Wasser lassen, schneiden sie eine Kerbe ins Boot, um den Fisch später wieder zu finden. Außerdem binden sie ihm eine Glocke um.

*Zum dänischen Molbo gibt es eine ähnliche Geschichte. Die Molboer wollen eine Kirchenglocke vorm anrückenden Feind retten und versenken sie im Meer. An der Stelle, wo dies geschah machen sie eine Kerbe ins Boot.

Die Schwarzenbörner Streiche gelten als hessisches Pendant der Schildbürgerstreiche.

* Einmal kündigte der hessische Landgraf Wilhelm IX an, auf seiner Rundreise in Schwarzenborn Station zu machen und verlangte als Empfang ‚eine kleine Erfrischung‘. Die Schwarzenbörner wussten nicht, was mit einer kleinen Erfrischung gemeint war und berieten sich. Schließlich kam die Frau des Bürgermeisters auf eine Idee. Der Landgraf brauchte bei der Hitze wohl eine Abkühlung. Zu seinem Empfang rückte die Feuerwehr an und spritze ihn mit einem dicken Strahl von oben bis unten nass.

In Großbritannien werden Geschichten zu den *Wise Men of Gotham* (Nottinghamshire) erzählt.

*Einer der Gotham-Männer muss einen schweren Sack transportieren, hat aber Mitleid mit seinem Gaul. So legt er den Sack nicht auf den Rücken des Pferdes, sondern nimmt ihn auf seine Schulter und reitet so.

Zu Chelm gibt es folgende Geschichte:

*Eines Tages wollten sie in Chelm eine Synagoge bauen. Die stärksten Männer der Stadt gingen auf den örtlichen Hügel, um Steine für den Bau zu holen. Mühsam trugen sie die schweren Steine den Hügel herunter. Unten meinte der Rabbi: ihr hättet die Steine besser den Hügel hinab rollen sollen. „Stimmt', sagen die Männer, tragen die Steine zur Hügelspitze zurück und rollen sie hinunter.

*In Hölmölä bauten sie eines Tages ein Haus. Allerdings mussten sie nach der Fertigstellung feststellen, dass es drinnen zu dunkel war. Nun wollte man zumindest ein Zimmer haben, wo es so hell war, wie draußen und fragte den klugen Matti, was zu tun wäre. Dieser haute mit seiner Axt ein Loch in die Wand. Jetzt war es schon heller, aber, so hell wie draußen war es noch nicht. Matti vergrößerte das Loch, bis die ganze Wand verschwunden war. Zufrieden mit seinem Erfolg, machte er sich an die anderen Wände. Bei der dritten Wand angelangt, stürzte schließlich das ganze Haus ein. Allerdings war man nicht ganz unzufrieden, denn jetzt war es so hell wie draußen.

*In Kampen wächst Gras auf der Stadtmauer. Also beschließt man, eine Kuh auf die Stadtmauer zu bringen, um das Gras abzuweiden. Die Kuh wird durch einen Strick um den Hals auf die Stadtmauer gehievt. Dadurch wird die Kuh stranguliert und lässt die Zunge heraushängen. „Seht doch', sagen die Kampenaren, ,die Kuh ist gierig aufs Gras und hängt schon die Zunge heraus'.

Zu Ratot, dem ungarischen Schilda, gibt es folgende Geschichte:
Die Bewohner des Dorfes graben ein Loch, und da sie nicht wissen, wohin mit der Erde, graben sie ein zweites.
Wenn Ratoter eine Leiter durch eine Tür oder einen Wald tragen, tragen sie diese quer und wundern sich, dass sie nicht weiterkommen.

8. Verschiedenes

8. 1 Listen und Aufzählungen

Stadt	*Aufzählung*
Lüneburg	*Mons, Pons, Fons*
Jena	*Sieben Wunder:* *Ara (Altarunterführung in der Stadtkirche)* *Caput (Schnapphansfigur an Rathausuhr)* *Draco (siebenköpfiger Drache)* *Mons (Berg `Jenzig')* *Pons (alte Camsdorfer Brücke)* *Vulpecula Turris (Fuchsturm)* *Weigeliana Domus (Weigelsches Haus)*
Lampa (Peru)	*Sieben Wunder:* *Iglesia de Santiago Apostol, Puente Colonial, La Piedad, Anda de la Virgen Inmaculada, Criaderos de Cinchilla, La Carcel, El municipio.*

Mons, Pons, Fons, Berg, Brücke, Quelle, das beschreibt den Gründungsmythos von Lüneburg. Die Stadt Lüneburg verdankt ihren Wohlstand der Legende nach einem Wildschwein. Jäger entdeckten Salzkörner in ihren Borsten und verfolgten die Spur des erlegten Tieres bis in die Suhle in den Sümpfen, was zur Entdeckung einer kostbaren Solequelle (Fons) führte. Zwischen der Brücke (Pons) über die Ilmenau und einem großen Platz entstand einst das Sandviertel. Mit Mons ist der Kalkberg gemeint, wo eine Burg einst sichere Zuflucht bot.

In Jena gehört zu den sieben Wundern ebenfalls ein Mons, der Berg Jenzig, und eine Brücke, die alte Camsdorfer Brücke, daneben jedoch noch fünf weitere architektonische Sehenswürdigkeiten.

Stadt, Region	Zitat
Ruhrgebiet	*Zähne wie Gelsenkirchen und Duisburg. Essen dazwischen.*
Erlangen	*Sucht das Himmelreich zu Erlangen* (Studenten der theologischen Fakultät)
Dortmund	*Morgens um sieben ist die Welt noch in Dortmund.*
Leipzig	*Leipzig ist eine heilige Stadt. Jedes Jahr finden zwei Messen statt. Dazwischen immer Fastenzeit (zu DDR-Zeiten).*
Mannheim	*Mannheim, where the streets have no name.*
Leverkusen	*Leverkusen-Cleverkusen*
Hannover	*Stadt mit dem gewissen Nichts* (Harald Schmidt).
Potsdam	*Mad stop (rückwärts gelesen).*
Köln	*Köln ist nicht perfekt, aber es ist vollkommen. Vollkommen Köln* (Heinrich Böll)
Neustadt a.d.W.	*a,d.W. = heißt das eigentlich...der Welt*
Siebleben	*Nebel bei Siebleben* (Palindrom, zu diesem Stadtteil von Gotha)

Der frühere Bayern München-Torwart Sepp Maier meinte, als der Kurt Hoffmann Spielfilm (1968) *Morgens um sieben ist die Welt noch in Ordnung* in den Kinos war: *Morgens um sieben ist die Welt noch in Dortmund.* Als ein für die EXPO 2000 in Dortmund gebautes Tipi zurück in die Stadt kam hieß es wiederum, *morgens um acht steht ein Zelt noch in Dortmund.*

Anhang

1. Begriffsschöpfer konkreter Stadtbeinamen

Autor	Stadtbeiname
Erdmann Wircker Beiname: 1706	*Spree-Athen* (Berlin)
Johann Gottfried Herder (1744-1803)	*Elbflorenz* (Dresden)
Johann Wolfgang von Goethe (1749-1832)	*Ilm-Athen* (Weimar)
Alexander von Humboldt (1769-1859)	*Rheinisches Nizza* (Bad Honnef)
Emanuele Repetti (1776-1852, Historiker)	*Italienisches Manchester* (Prato)
Theodor Fontane (1819-1898)	*Neapel des Nordens* (Brighton)
Carl Sandburg (1878-1967)	*City of big shoulders* *Hogbutcher of the world* (Chicago)

Literatur

Otto von Rheinsberg-Düringsfeld
Internationale Titulaturen
Leipzig 1863
http://books.google.de/books?id=GjyNKtU7L9UC&printsec=frontcover&source=gbs_navlinks_s#v=onepage&q=&f=false

Serge Debrebant, Mauritius Much
Japanische Schweine machen buubuu
Kleiner Reiseführer für Sprachliebhaber
Herder, Freiburg 2007

Robert Hoffmann
Die Entstehung einer Legende
Alexander von Humboldte angeblicher Ausspruch über Salzburg
HiN (Humboldt im Netz) VII, 2006
http://edoc.bbaw.de/oa/articles/reKJ2Z04gzW7s/PDF/26gO0BaTKmIcE.pdf

Hugo Kastner
Von Aachen bis Zypern
Geographische Namen und ihre Herkunft
Humboldt Verlag, Baden-Baden 2007

Helmut A. Seidl
Sprichwörtliches über Altbayern
444 Ortsportraits aus Oberbayern, Niederbayern und der Oberpfalz
Regensburg 2013

Helmut A. Seidl
Nürnberger Tand geht durchs ganze Land
Sprichwörtliche Portraits fränkischer Orte
Regensburg 2012

Theo Stemmler
Wie das Eisbein ins Lexikon kam
Ein unterhaltsamer Gang durch die deutsche
Wortgeschichte
Dudenverlag, Mannheim 2007

Wander
Deutsches Sprichwörterlexikon 1867-1880
http://www.zeno.org/Kategorien/T/Wander-1867

Webseiten

Urbandictionary
http://www.urbandictionary.com

Der Westen
Gelsenkirchen die ärmste Stadt Deutschlands
https://www.derwesten.de/staedte/gelsenkirchen/gelsenkirchen-nrw-ist-die-aermste-stadt-deutschlands-und-jetzt-kommt-es-noch-dicker-neue-studie-id216848629.html

Mundmische
(Neue umgangssprachliche Ausdrücke und Slangworte)
http://www.mundmische.de

Süddeutsche- Höchste Kneipendichte
https://www.sueddeutsche.de/bayern/mitten-in-bayern-die-hauptstadt-der-kneipen-1.4281985

Redensarten.de
http://www.redensarten-index.de

Städte-Zitate
https://www.quotez.net/german/stadte.htm

Urban Dictionary
http://www.urbandictionary.com

Morgenpost- das sind Deutschlands grünste Städte
https://interaktiv.morgenpost.de/gruenste-staedte-deutschlands/

Molbohistorier (Geschichten zu Molbo)
http://www.molbohistorier.net/

Brueckenweb.de
https://www.brueckenweb.de/2content/datenbank/listen/basanzstadt.php

Thüringer Spitznamen
http://www.mdr.de/hier-ab-vier/studiogaeste/6912775.html

www.allestaeglich.de
https://www.allesalltaeglich.de/kommentare/hintenrum....5515/

Wikipedia-Seiten

-List of city name changes
http://en.wikipedia.org/wiki/List_of_city_name_changes

-List van Bijnamen van Steden un dorpen
http://nl.wikipedia.org/wiki/Lijst_van_bijnamen_van_steden_en_dorpen

-List van bijnamen en spotnamen (Inwooners van plaatsen)
http://nl.wikipedia.org/wiki/Lijst_van_bijnamen_en_spotnamen

-Hannoversch Münden
https://de.wikipedia.org/wiki/Hann._Münden

-Gabrovo Humor
http://en.wikipedia.org/wiki/Gabrovo_humour

-Klein-Paris
http://de.wikipedia.org/wiki/Klein-Paris

-Ortsnecknamen
http://de.wikipedia.org/wiki/Ortsneckname

-Schildbürger
http://de.wikipedia.org/wiki/Schildb%C3%BCrger

-Wise man of Gotham
http://en.wikipedia.org/wiki/Wise_Men_of_Gotham

Wikiquote
https://de.wikiquote.org/wiki/Hauptseite

Weitere Beinamenbücher von Richard Deiss
(siehe www.bod.de)

Elbflorenz und Spree-Athen
555 Städtespitznamen und Stadtklischees
Books on Demand, Norderstedt 2020

Der Nabel des Mondes und die Träne im Indischen Ozean
333 Länderbeinamen und wie es zu ihnen kam
Books on Demand, Norderstedt 2019

Von der Blauen Banane zum Rhabarberdreieck
222 Regionsbeinamen und was dahinter steckt
Books on Demand, Norderstedt 2013

Schicksalsberg und Himmelsauge
777 Landschaftsbeinamen
Books on Demand, Norderstedt 2019

Hibbdebach bis Dribbdebach
222 Stadtteilbeinamen und was dahinter steckt
Books on Demand, Norderstedt 2019

Schwangere Auster und Hohler Zahn
555 Gebäudebeinamen und was dahinter steckt
Books on Demand, Norderstedt 2019